OURSINS FOSSILES.

OURSINS FOSSILES

DE

DEUX ARRONDISSEMENTS

DU

DÉPARTEMENT DE L'EURE

(LOUVIERS ET ANDELYS).

Par M. SORIGNET, curé de Vernonnet.

PRIX : 2 FRANCS.

VERNON,
Imprimerie de Barbarot, place d'Armes.
1er AVRIL 1850

AVANT-PROPOS.

Le seul travail géologique qui ait été publié jusqu'à ce moment sur le département de l'Eure, appartient à M. Antoine Passy; il a fait connaître la série des couches qui y viennent au jour et les différentes hauteurs du sol. Mais cette excellente notice, renfermée dans l'annuaire du département pour l'année 1832, ne paraît pas avoir inspiré aux Paléontologues de Paris le désir d'explorer des contrées qu'ils traversent si souvent pour aller visiter des gisements moins intéressants, tels que : Ste-Catherine de Rouen, le Cap-la-Hève et Villers-sur-Mer. Dans le *Catalogue raisonné des Echinides*, publié en 1847 par MM. Agassiz et Desor, le département de l'Eure ne figure que deux fois, pour la localité d'Evreux et celle de Vernon. Cependant, sans parler ici des coquilles et des nombreux polypiers que contiennent nos craies et notre calcaire grossier, la seule classe des échinides y est représentée par plus de quatre-vingts espèces, dont plusieurs sont nouvelles, et ce nombre, déjà considérable, s'accroîtra sans doute encore, lorsque des recherches soigneuses se seront étendues à tous les points fossilifères. Les miennes n'ont embrassé encore que les deux arrondissements d'Andelys et de Louviers, qui ne sont peut-être pas les plus riches en oursins ; la craie chloritée, où les espèces de cette classe abondent, n'y affleure qu'une fois, sur une ligne qui n'a pas un kilomètre, depuis le hameau de Fourneaux, près Vernon, jusque vis-à-vis le château de la Madeleine, tandis que dans les arrondissements de Bernay et de Pont-Audemer, elle se montre souvent dans sa plus grande puissance.

Si les devoirs de ma position ne m'interdisaient des absences prolongées, j'aurais voulu explorer tout le département avec autant de soin que les communes les plus rapprochées de ma paroisse, avant de publier le résultat de mes recherches ; j'aurais voulu essayer de faire pour ce département ce que M. Albin Gras, de Grenoble, a fait pour celui de l'Isère [1] ; ce que M. Gustave Cotteau, d'Auxerre, est en train de faire pour celui de l'Yonne [2]. A défaut d'un travail plus complet,

---

[1] *Description des Oursins Fossiles du département de l'Isère*, par M. Albin Gras, 1848.

[2] *Etudes sur les Echinides Fossiles du département de l'Yonne*, par M. Gustave Cotteau.

j'adresse aux amateurs d'échinides ce *Catalogue* des espèces fossiles de deux arrondissements.

Les ouvrages qui traitent de cette classe d'animaux sont assez coûteux pour que celui-ci, tout modeste qu'il est, se fût trouvé au-dessus de mes moyens d'exécution, si je n'avais rencontré dans quelques personnes instruites une obligeance dont je dois me montrer d'autant plus reconnaissant que je n'y avais souvent aucun titre. Ainsi, MM. Gras et Cotteau m'ont adressé un exemplaire de leurs livres, j'y ai trouvé une abondance de notions générales et une précision de descriptions qu'on regrette de ne pas toujours rencontrer dans des ouvrages plus considérables. M. Michelin a bien voulu recevoir en communication la plupart de mes oursins et prendre la peine de les déterminer, au moyen de sa magnifique collection qui réunit presque toutes les espèces connues. M. Antoine Passy, avec une bonté que je n'avais pas provoquée, a mis à ma disposition le grand ouvrage de Goldfuss sur les pétrifications de l'Allemagne. M. Hébert, sous-directeur de l'école normale supérieure de Paris, à qui je devais déjà la connaissance d'un gisement fort intéressant dans le département de Seine-et-Oise, a bien voulu ajouter à ma gratitude en me confiant son exemplaire du *Catalogue raisonné* de MM. Agassiz et Desor; enfin, mon vénérable ami, M. Coson, de Louviers, que je suis heureux d'avoir l'occasion de nommer, a laissé entre mes mains, une copie très-correcte des 1re, 3me, et 4me monographies d'Agassiz et Desor, qu'avec une ardeur et un zèle de jeune naturaliste, il a écrite lui même pendant son séjour à Paris. Malgré ces secours et ceux que j'ai trouvés dans ma propre collection, il me sera, sans doute, échappé bien des erreurs : je suis prêt à m'en humilier devant les paléontologues de profession.

La brièveté devait caractériser un travail si étranger à mes études ordinaires ; aussi me suis-je borné à décrire assez laconiquement les espèces qui n'avaient point encore été décrites par MM. Agassiz et Desor ; j'ai renvoyé, pour les autres, aux ouvrages qui en traitent. Aux espèces du département j'ai cependant joint, par occasion, un petit nombre d'autres espèces, les unes, parce qu'elles m'ont paru nouvelles, les autres, parce qu'ayant été recueillies sur les départements les plus voisins de celui de l'Eure, j'ai l'espoir de les retrouver aussi quelque jour dans ce dernier.

OURSINS FOSSILES.

PREMIÈRE DIVISION.

ECHINIDES NORMAUX OU RÉGULIERS.

BOUCHE ET ANUS OPPOSÉS SUR UNE MÊME LIGNE VERTICALE.

FAMILLE 1re. CIDARIDES.

1re Tribu.—Angustistellès.

Ambitus circulaire. Tubercules interambulacraires très-gros et peu nombreux. Aire interambulacraire trois fois plus large environ que l'aire ambulucraire.

1er GENRE.—CIDARIS. LAMK. (AGASSIZ).

Bouche sans entailles. Tubercules ordinairement perforés.

1. **Clavigera?** Kœnig.—Diamètre transverse 25 millimètres; hauteur 13 millimètres.—Au premier coup-d'œil, cette espèce se distingue des autres par ses tubercules ordinairement tous imperforés et par l'étroitesse de leurs scrobicules. L'ambitus est circulaire et quelquefois subpentagonal, les zônes miliaires des interambulacres sont très-peu déprimées et ne laissent point voir les joints du parquet. Les grandes plaques coronales sont si solidement unies qu'on ne les trouve jamais séparées dans les

craies du département où les segments entiers de cette espèce sont assez communs. Il n'y a que quatre ou cinq tubercules à chaque rangée. A la face inférieure, les trois premiers tubercules sont si serrés, qu'entre leurs scrobicules les cercles granuleux se trouvent interrompus ou réduits à un seul ; mais entre le quatrième et le cinquième tubercules, les deux cercles scrobiculaires sont non-seulement complets, mais encore séparés par d'autres granules. Les tubercules des cercles scrobiculaires sont distinctement mamelonnés ainsi que ceux des espaces intermédiaires. La zône interporifère de l'ambulacre est occupée par quatre rangées de tubercules, deux externes, formées de petits tubercules mamelonnés, et deux internes, composées de granules beaucoup plus fins et placés ordinairement deux à deux sur des lignes obliques ; mais avec la loupe, on distingue, en outre, en dehors de chaque rangée externe, une autre série de petits granules, logés dans l'extrémité supérieure des sillons transverses de l'ambulacre, et au nombre d'un seulement dans chaque sillon. Mais, comme on le pense bien, il ne faut chercher ces séries de fines granulations que sur des exemplaires bien conservés et qui n'aient pas été soumis à l'action des acides. Celui que j'ai sous les yeux n'a pas été longtemps le jouet des vagues après la mort de l'animal : on voit encore, couchées dans les scrobicules et dans les dépressions des zônes porifères, les petites baguettes qui s'articulaient sur les tubercules secondaires mamelonnés ou qui tapis-

interporifères et les granules qui se développent entre les cercles scrobiculaires et les zônes porifères. —Très-rare.

La plus forte baguette a 22 millimètres de long et 15 millimètres de diamètre. La tige est très-courte et grêle; la tête est très-légèrement annulaire; sa surface articulaire est étroite comme le mamelon des tubercules du test, et entourée d'un petit rebord annulaire strié et rarement conservé. Les plus petits exemplaires sont subcylindriques, renflés uniformément et appointis au sommet; les moyens ovoïdes, à sommet mousse, les plus gros pyriformes et tout-à-fait semblables, quoique beaucoup moins volumineux, à ceux du *C. Colocynda* qui font peut-être double emploi avec eux. Tous, depuis le sommet jusqu'à la base, sont couverts de stries longitudinales très-fines et perlées, visibles seulement à la loupe. On distingue souvent, au-dessus de la tige, des commencements de série de dentelures assez espacées, dont les petites pointes se dirigent vers le sommet.

Craie blanche.—Civières.

3. **Scœptrifera ?** Mantell.—Diamètre 40 millimètres, hauteur 23 millim.—Ambitus circulaire; tubercules principaux au nombre de cinq par rangée, perforés, non crénelés, toujours plus ou moins avortés autour de l'appareil oviducal, à scrobicules ronds, assez larges, assez enfoncés et marqués à leur circonférence de légères dépressions rayonnées que le lavage fait aisément disparaître.

que les baguettes. Le test est assez mince ; à l'exception du premier tubercule de la face inférieure, qui est en contact avec le second par son cercle scrobiculaire, tous les autres de chaque rangée sont très-espacés ; il y en a probablement cinq ou six à chaque série. Les scrobicules sont ronds et un peu étroits ; le mamelon des tubercules est petit et perforé. Les tubercules du cercle scrobiculaire sont à base plate comme dans l'espèce précédente, assez espacés et moins apparents que ceux des zônes miliaires. Les espaces intermédiaires sont larges, déprimés entre les deux rangées de tubercules et entre les tubercules de chaque rangée, et cependant les joints des plaques n'y sont point apparents. Les cercles scrobiculaires ne sont pas tangents avec les zônes porifères comme dans le *C. Clavigera ;* ils en sont séparés par des granules miliaires. L'aire ambulacraire est flexueuse ; sa zône interporifère est composée de quatre ou six rangées très-serrées de tubercules assez espacés dans la même rangée, et homogènes, si l'on fait abstraction des granulations beaucoup plus fines, visibles seulement à la loupe, qui s'intercalent dans chaque rangée, entre les autres tubercules, sans former de série indépendante et séparée. Cette espèce se rapproche de la précédente par la forme de ses grains miliaires et la non-apparence des joints de son parquet, mais elle en diffère par ses tubercules mieux scrobiculés, plus espacés et toujours perforés, par la dépression des espaces intermédiaires, l'homogénéité de ses zônes

Cidaris Clavigera que celui dont il s'agit en ce moment, j'ai dû, provisoirement du moins, l'identifier avec cette espèce, plutôt que d'en établir une nouvelle sans une nécessité absolue, et sur des caractères qui pourraient bien ne former qu'une simple variété.

Les baguettes du *C. Clavigera* sont très-caractérisées par leur forme clavellée et hérissée de files longitudinales de granules en dentelures. Elles forment plusieurs variétés : les unes ont toute leur portion renflée ramassée en boule au sommet de leur longue tige, comme de petites massues ; les autres ont une tige courte et grêle, débordée brusquement par le plus grand renflement du corps, qui se termine en pointe au sommet ; d'autres, plus élégantes et intermédiaires entre les deux premières variétés, augmentent graduellement de grosseur à partir du col et sont arrondies au sommet. La longueur totale de ces baguettes est de 8 à 32 millimètres, et le diamètre de la partie renflée, dans les plus grosses, est de 10 millimètres.—Commune.

Craie blanche. — Pinterville près Louviers, Vernonnet, Giverny, Clachaloze, Petit-Andely.

2. **Pleracantha ?** Agassiz.—J'ai recueilli plus de trente baguettes de cette rare espèce sur un seul point de quelques mètres d'étendue ; elles étaient associées, entre autres débris de la même classe, à des fragments d'un test que je n'ai retrouvé nulle part ailleurs, et qui pourrait bien être celui du *C. Pleracantha*, espèce dont on ne connait encore

saient la base des tubercules principaux. J'ai recueilli tout près du test deux grandes baguettes claviformes, circonstance qui n'est point, il est vrai, une preuve rigoureuse de leur identité.

M. Michelin a bien voulu me communiquer un moule extérieur du *Cidaris Clavigera*, et un test fort curieux de cette même espèce, provenant de la craie de Gravesand (Angleterre), et qui est encore revêtu d'un bon nombre de ses baguettes. Les baguettes du *C. Clavigera* de Gravesand et celles qui accompagnaient le test décrit ci-dessus, sont parfaitement identiques. Mais les deux tests diffèrent : celui de M. Michelin, quoique d'une taille moindre, a les mamelons de ses tubercules principaux un peu plus gros ; les tubercules des cercles scrobiculaires et les granules des espaces miliaires sont plus larges à leur base et plus volumineux. Les granules des deux rangées internes de l'ambulacre m'ont aussi paru moins fins. La craie et les baguettes qui recouvrent la plus grande partie de cet intéressant fossile, ne me permettent pas d'affirmer que les différences que j'ai vues sont les seules qui existent. Mais je crois m'être assuré que le test du cidaris de Gravesand, et surtout son moule extérieur ont appartenu à une espèce à tubercules imperforés, à scrobicules ronds et très-étroits et à zônes miliaires très-peu déprimées ; or, comme les baguettes de cette espèce sont fort abondantes dans nos craies, et que de tous les tests qui les accompagnent il n'en est aucun qui offre autant d'analogie avec le

Les cercles scrobiculaires sont tangents entre eux, dans la même rangée à la face inférieure, et leurs granules, placés tout-à-fait sur le bord du scrobicule, sont mamelonnés et se font remarquer par leur base demi-circulaire, aplatie et écrasée ; les zônes miliaires sont larges, déprimées, et indiquent toujours, par une ligne en zig-zag, les joints des plaques coronales. Leurs granules sont serrés, petits et disposés en séries transverses plus ou moins distinctes. Les aires ambulacraires sont larges et flexueuses, leurs zônes interporifères renferment de quatre à six rangées verticales de granules, dont les deux externes au moins se composent de granules mamelonnés. Tous ces tubercules granuloïdes, mamelonnés ou non, sauf quelques petites granulations interposées, sont tout à la fois disposés en séries verticales et transversales. Dans cette espèce, les pièces coronales se désunissent facilement après la mort de l'animal, et l'on trouve beaucoup plus de plaques divisées et éparses que de segments entiers.—Pas rare.

J'ai trouvé plus d'une fois, étendues sur le test ou enchevêtrées parmi ses segments disloqués, des baguettes qui m'ont paru les mêmes que celles de Meudon, rapportées par M. Agassiz au *C. Scœptrifera*, quoique je n'aie jamais remarqué, je l'avoue, que les baguettes de la localité précitée, pas plus que celles de la craie de l'Eure, fussent subulées à leur sommet ou terminées en alènes, comme M. Agassiz paraît le supposer (*Catalogue raisonné*).

Elles ont jusqu'à 65 millimètres de long ; elles sont cylindriques, plus ou moins fusiformes et ornées de dentelures linéaires en scie, réunies par un filet plus ou moins saillant. La tête légèrement annulaire est constamment striée, et la surface articulaire est large et sans crénelures. Quelques uns de ces caractères se modifient selon la place que les baguettes occupaient sur le test. Les plus courtes sont ordinairement les plus renflées ; au lieu de finir en pointe, elles s'atténuent jusque très-près du sommet et s'enflent de rechef à cette extrémité du corps qui se couronne de longs granules redressés, ou costules très-saillantes, et prend une forme cupulée ; dans les plus longues, les rangées de dentelures sont un peu plus espacées, et les dentelures elles-mêmes un peu plus fines.—Communes.

Craie blanche.—Vernonnet, Giverny, Civières, Petit-Andely, Pinterville près Louviers.—Clachaloze (Seine-et-Oise).

4. **Perlata** (*Nobis*).—Hauteur du test 37 millimètres environ, largeur d'une aire interambulacraire 30 millimètres, largeur de l'aire ambulacraire 8 millimètres, longueur transversale des plaques coronales 20 millimètres, largeur verticale 10 millimètres.—C'est le type de la précédente espèce, dont elle diffère par la largeur de ses aires, égales à celles du *C. Maxima*, et par la longueur et l'étroitesse relative des plaques coronales. Il y a huit ou neuf tubercules principaux à la rangée ; leurs mamelons sont proportionnellement plus petits que dans l'espèce n° 2 ;

l'aire ambulacraire est peu flexueuse et renferme dans sa zône interporifère 8 rangées de tubercules granuloïdes, mamelonnés et homogènes. Les autres caractères sont les mêmes que ceux du *C. Scœptrifera.* Je ne possède qu'un segment du test.

Craie blanche.—Giverny.

5. **Ovata** (*Nobis*).—Hauteur du test 41 millimètres, largeur de l'aire interambulacraire 25 millimètres. —Celle-ci était aussi allongée et ovoïde que la précédente devait être enflée à l'ambitus. Je ne possède qu'un segment du test et un segment du moule intérieur ayant appartenu l'un et l'autre à des individus très-développés. Huit ou neuf tubercules à chaque rangée, serrés à la face inférieure, espacés et souvent avortés à la face supérieure, perforés, non crénelés, assez profondément scrobiculés, entourés d'un cercle de granules mamelonnés très-apparents, beaucoup plus gros que ceux des espaces miliaires et placés sur le plan incliné des parois du scrobicule ; plaques coronales épaisses et larges ; espaces miliaires larges, déprimés, montrant partout les joints des plaques, et couverts de granules serrés ; aire ambulacraire flexueuse ; zône porifère reticulée ; zône interporifère composée de deux rangées externes de granules plus gros et homogènes et de quatre ou six rangées internes de granules plus petits et assez inégaux.

Craie blanche.—Clachaloze.—Galets de Louviers.

6. **Punctillum** (*Nobis*).—Espèce un peu allongée et caractérisée surtout par la finesse de ses granules

miliaires. Elle n'est représentée dans ma collection que par un seul segment ; les tubercules, au nombre de quatre ou cinq par rangée, sont petits, avortés à la face supérieure, et leurs scrobicules peu enfoncés, ronds et étroits ; les cercles scrobiculaires sont très-peu apparents, ne se touchent jamais et sont surtout très-espacés à l'ambitus ; les espaces intermédiaires, larges, déprimés et laissant voir les joints des plaques, ne sont remarquables que par leur granulation fine et assez clair-semée ; ambulacres flexueux ; zône porifère très-peu déprimée ; zône interporifère offrant quatre rangées assez espacées de granules fins, ronds, peu serrés, paraissant homogènes et formant en même temps des séries verticales et transversales.

Craie blanche.—Giverny.

7. **Ambigua** (*Nobis*).—Diamètre 20 millimètres, hauteur 10 millimètres.—Les espaces intermédiaires m'ont paru plus étroits que chez aucune autre espèce de la craie. La constance de ce caractère sur plusieurs exemplaires de taille différente me l'a fait considérer comme une espèce distincte, malgré ses nombreuses analogies avec d'autres espèces du même terrain. Le test est circulaire, fortement aplati par-dessus et par-dessous, et enflé à l'ambitus ; il offre cinq ou six tubercules principaux à chaque série ; leurs mamelons sont petits et toujours perforés. Les deux premiers scrobicules, à la face inférieure, sont très-serrés, le troisième et le quatrième, qui se trouvent vers l'ambitus, sans être

très-distancés, sont séparés par un espace égal à celui qui les sépare des scrobicules correspondants dans l'autre rangée. Ces scrobicules sont ronds, peu profonds, assez larges, entourés d'un cercle de granules bien apparents et plus gros que ceux des espaces miliaires ; les granules miliaires sont pourtant assez gros, ronds et épars, et rappellent ceux du *C. Clavigera* de M. Michelin, mais (ce que je n'ai pas remarqué dans cette dernière espèce) les joints des plaques sont toujours indiqués ou par la division même de ces plaques, ou par des lignes déprimées transversales, ou en zig-zag très-apparentes et qui font saillir les bourrelets granuleux des scrobicules. Les espaces intermédiaires entre les tubercules sont déprimés ; la zône interporifère est ondulée et présente quatre ou six rangées de tubercules granuloïdes serrés et homogènes. Les tubercules principaux sont quelque fois subcrénelés.

Craie blanche. — Vernonnet, Petit-Andely, Clachaloze.

J'ai recueilli, près de l'espèce précédente, plusieurs petites baguettes de 22 à 24 millimètres de long, fusiformes, ayant le tour extérieur de leur facette articulaire subcrénelé, la tête striée, le col assez long et bien caractérisé, le corps costulé et hérissé de séries de dentelures beaucoup plus fines que celles du *C. Scœptrifera* avec lequel, du reste, ce piquant offre beaucoup de ressemblance.

8. **Vesiculosa?** Goldf.—Ce n'est qu'une portion de l'un des segments. L'aire ambulacraire offre

quatre rangées de granules arrondis entre deux rangées externes de très-petits tubercules secondaires mamelonnés. Zônes miliaires de l'interambulacre très-déprimées ; leurs points granuleux sont très-fins et forment de petites séries plus ou moins horizontales. Ces caractères lui sont communs avec le C. Vesiculosa Goldf de la collection de M. Michelin, dont elle diffère ensuite à quelques égards ; ainsi, les tubercules principaux y sont plus espacés à la face supérieure et à l'ambitus, et moins nombreux ; quatre ou cinq au lieu de cinq ou six. Les premiers cercles scrobiculaires de chaque rangée ne se touchent pas comme cela s'observe dans le fossile de M. Michelin : ils admettent entre eux des granulations étrangères. Les rebords des scrobicules paraissent un peu plus relevés ; les zônes miliaires, quoique très-déprimées, ne laissent voir qu'à la loupe les joints des pièces coronales, et leurs séries transverses de granules s'accompagnent de stries parallèles plus distinctes.

Les baguettes que M. Michelin attribue au *C. Vesiculosa* de la craie blanche ressemblent, par leur tête et leurs dentelures en scie, à celles du *C. Scœptrifera ;* mais le corps est beaucoup moins renflé Les dentelures plus ou moins serrées et plus ou moins fines, comme celles du *C. Scœptrifera,* forment des séries plus espacées, et sur le filet toujours plus saillant qui les réunit, leurs bases simulent souvent des stalactiques de bougie. Le corps lui-même, au lieu d'être cylindrique, est à plusieurs sillons ou facettes plus ou moins concaves, et, par conséquent, il paraît plus ou moins subuliforme. Ces baguettes sont assez communes dans notre craie blanche, au contraire du test qui y est fort rare. Je relate volontiers cette circonstance, bien qu'elle semble protester contre la détermination des baguettes ou contre celle du test, parce que, dans l'étude de genres où les lois de la spécification sont si peu connues, le doute souvent vaut mieux que l'affirmation.

Craie blanche.—Giverny près Vernon, Civières, Tilly.

Le *C. Vesiculosa*, d'après M. Agassiz, étant commun à la craie blanche et à la craie chloritée, je crois devoir placer ici un segment recueilli dans cette dernière formation, qui offre beaucoup d'analogie avec l'espèce qui précède ; les granules de l'aire ambulacraire sont effacés, et l'on ne compte que trois ou quatre tubercules principaux à chaque rangée, au lieu de quatre ou cinq que présente le *C. Vesiculosa* de la craie blanche. Mais par tous les autres détails, ce fossile ressemble assez au précédent. Cependant, je crois avoir vu à la loupe quelques traces de crénelures à la base des tubercules, ornement qui n'existe pas sur l'autre cidaris. Aux débris du test sont associées, dans la même couche, des baguettes tout-à-fait semblables à celles que M. Michelin rapporte au *C. Vesiculosa* de la craie chloritée ; elles sont fusiformes, à costules longitudinales, tranchantes, séparées par des sillons assez profonds et se continuant jusqu'au sommet, qu'elles couronnent ainsi d'un cercle de crénelures. Le sommet offre une surface plane du milieu de laquelle sortent cinq ou six filets ou longs granules simulant une petite houpe, comme cela s'observe également sur les baguettes du *C. Scœptrifera*. Dans quelques exemplaires, la tranche des costules verticales paraît finement dentelée, et je ne doute pas que ce caractère ne se retrouve sur tous les exemplaires bien conservés. Le plus grand diamètre de la baguette est à peu près au milieu de sa longueur ; la tête est striée, l'anneau légèrement saillant, la facette articulaire est rarement bien conservée : M. Michelin croit avoir aperçu des crénelures à son bord externe.

Craie chloritée.—Fourneaux, la Madeleine près Vernonnet, Tunnel de Ste-Catherine-de-Rouen.

9. **Distincta** (*Nobis*).—Dans cette remarquable espèce, les plaques sont minces, plates et sans joints apparents ; les aires ambulacraires, larges et peu flexueuses, renferment quatre rangées de tubercules granuloïdes, arrondis, égaux et assez serrés. La zône porifère est très-peu déprimée ; les scrobicules sont assez superficiels, très-étroits, un peu elliptiques, à tubercules dépourvus de crénelures et surmontés d'un mamelon proportionnellement petit. Les cercles scrobiculaires sont partout tangents entre eux dans la même rangée et réduits à un seul autour de la bouche, et leurs granulations sont arrondies et plus grosses que celles des espaces

miliaires, qui paraissent assez généralement allongées et plissées ou ridées ; celles-ci sont nombreuses même entre la zône porifère et les cercles scrobiculaires ; l'espace intermédiaire est large et déprimé.

Calcaire pisolithique de Montainville près Maule (Seine-et-Oise).—Rare.

Baguettes du *C. Distincta* ?—Dois-je rapprocher de cette espèce un petit corps cylindrique, tout-à-fait spiniforme, le plus grand diamètre usurpant la place du col ? Longueur totale 8 millimètres, diamètre 1 millimètre.—Spinules très-rares, éparses, longues et larges, si l'on a égard à la ténuité du piquant ; plus fines en général et un peu moins rares en approchant du sommet, vers lequel toutes inclinent leur pointe ; tête forte et annulaire ; facette articulaire à rebord légèrement saillant, mais non crénelé.

Calcaire pisolithique de Montainville —Rare.

10. **Forchhammeri**. Desor.—Quatre ou cinq tubercules à la rangée. Scrobicules plus grands et plus elliptiques que dans le précédent ; cercles scrobiculaires tangents dans la même rangée, très-étroits, formés de granules très-espacés, allongés et alternant d'un cercle à l'autre. Espaces intermédiaires très-étroits, déprimés, occupés par des granules très-serrés et plus ou moins arrondis, mais du côté de l'ambulacre ils sont rares et ramassés dans les angles que forment à leur jonction les cercles scrobiculaires. L'aire ambulacraire est flexueuse, ses zônes porifères sont déprimées et ses

interporifères portent quatre rangées de granules très-serrés : ceux des deux rangées externes et primitives sont plus gros que ceux des rangées internes.

Calcaire pisolithique de Montainville et de Vigny (Seine-et Oise).—Commune.

On a rapporté à cette espèce des baguettes à facette articulaire lisse, recueillies à Montainville et à Vigny : à la rigueur, elles pourraient avoir fait partie du *C. Distincta;* cependant, comme les débris du *C. Distincta* sont très-rares dans ces localités et que les plaques du *C. Forchhammeri* y sont au contraire presque aussi abondantes que ces baguettes, il est encore plus probable qu'elles ont appartenu à cette dernière espèce. Lorsque ces petits piquants sont dénudés et limés par le frottement, ils ressemblent assez bien à des grains de blé. Ils sont fusiformes ; leur longueur est de sept à douze millimètres ; le plus fort renflement est au milieu de la longueur, et il diminue régulièrement en allant de ce point au sommet et à la base. Dans leur bon état de conservation, ils se présentent hérissés de granules à large base, anguleux, assez serrés, un peu allongés et inclinés vers le sommet et sans former de séries bien régulières, se poursuivant jusqu'à l'extrémité supérieure, qui en reçoit une forme étoilée ; mais ces ornements sont rarement bien conservés.

Du reste, cette espèce, comme la plupart de ses congénères, était parée de plusieurs sortes de baguettes ; car on passe par des nuances délicates de celle que je viens de décrire à une variété beaucoup moins renflée, longue quelquefois de 60 millimètres, à sommet presque pointu et toute couverte de files régulières de granules serrés. Tous ces piquants ont le col assez long, la tête ornée d'un anneau médiocrement saillant et d'une facette articulaire non-crénelée.

Montainville et Vigny.—Commune.

Baguettes de Cidaris dont le test est inconnu.

11. **Gervilli** (*Nobis*).—Ce piquant, recueilli dans le lias par M. de Gerville, a au moins 15 millimètres de long et seulement 2 millimètres de diamètre ; il est cylindrique ou un peu déprimé, uniformément renflé jusque vers les deux tiers de la longueur, et s'atténue ensuite régulièrement jusqu'au sommet ; lisse à la place du col, couvert plus haut de petits granules sériés verticalement jusqu'au sommet, et presque effacés dans mes exemplaires. La tête est ovoïde, plus renflée que le corps, surmontée d'un anneau saillant et strié ; la facette articulaire est entourée à son bord extérieur d'un petit bourrelet distinctement crénelé.

Lias de Valognes (Manche).—Rare.

12. **Hirudo** (*Nobis*).—C'est une baguette d'environ 55 millimètres de long et de 6 millimètres de diamètre. Le renflement ne commence guère qu'au quart de la longueur, il arrive à son maximum vers les deux tiers, et le corps finit assez brusquement

en pointe émoussée ; le col est long et n'a pas beaucoup plus de diamètre que le sommet. La tête est annulaire, petite et courte; la facette articulaire paraît lisse. Lorsque ce corps a été dénudé, il ne paraît que costulé dans toute sa longueur ; mais lorsqu'il est conservé, on voit que les petites côtes ou filets longitudinaux supportent autant de rangées plus ou moins droites de fines granulations anguleuses.

Craie blanche inférieure et craie chloritée : Fourneaux, la Madeleine.—Craie marneuse : Rouen. —Assez commun.

13. **Michelini** (*Nobis*).—Longueur 10 millimètres, diamètre de 6 à 7 millimètres.—Petit piquant à tige courte et grêle, à corps sphérique ou pyriforme ou ovale, et à surface articulaire lisse. La portion renflée est toute couverte d'une fine granulation qui ne forme point de séries bien suivies. On voit à la loupe et l'on sent au toucher que les granules sont munis de pointes anguleuses dirigées vers le sommet de la baguette.

Craie chloritée : La Madeleine, près Vernon.

14. **Uniformis** (*Nobis*).— Diamètre 3 millimètres environ, longueur 22 millimètres.—Piquant cylindrique de diamètre presque aussi uniforme que celui du *C. Metularia*, mais orné de dix ou douze petits filets verticaux, finement dentelés et se redressant quelquefois tout au tour du sommet qui devient alors la partie la plus renflée de la baguette. L'anneau est légèrement strié et la facette articu-

laire m'a paru souvent crénelée ou subcrénelée à son rebord externe.

Craie chloritée : Fourneaux, la Madeleine.

15. **Spinifera** (*Nobis*). — Diamètre 3 millimètres, longueur 36 millimètres environ. — Baguette en épine, subcylindrique, effilée, comprimée, finement striée d'un bout à l'autre et entièrement lisse ; la tête est petite et couronnée d'un anneau en relief, strié, large et élevé ; la surface articulaire est étroite, et sur plusieurs exemplaires elle m'a paru crénelée à son bord externe. Cette baguette est commune à la craie blanche inférieure et à la craie chloritée. Peut-être aurais-je du la placer dans le genre *Cyphosoma*, qui est représenté dans le département par trois espèces, dont l'une, le *C. Circinatum* ? est commun aux deux formations précitées.

Craie chloritée : Fourneaux. — Craie blanche : Clachaloze.

16. **Longispinosa** (*Nobis*). — Diamètre 3 millimètres, longueur 60 millimètres environ. — Piquant un peu subuliforme, comprimé, quelquefois cylindrique, peu renflé, se terminant en pointe. Le plus grand diamètre est à la place du col. Il est costulé, muni de petits piquants très-saillants, droits, cylindriques, très-espacés et disposés en séries verticales assez régulières. Tête ovoïde, avec un renflement annulaire très-saillant et strié ainsi que le rebord externe de la facette.

Craie blanche : Vernonnet, Giverny, Pinterville. — Commun.

17. **Seminota** (*Nobis*).—Je ne connais de cette baguette que des tronçons intermédiaires à la tête et au sommet; elle doit avoir environ 30 millimètres de long; elle est cylindrique, régulièrement renflée et ornée d'une vingtaine de séries longitudinales bien distinctes de granules ou dentelures très-serrées, coniques, pointues et droites, ou dont la pointe s'incline très-légèrement vers le sommet; les rangées elles-mêmes sont rarement parfaitement droites d'un bout à l'autre; quelquefois elles admettent entre elles un ou deux granules isolés, ou d'autres rangées non-continues partant de l'extrémité inférieure et s'effaçant en allant vers le sommet, à mesure que le renflement du corps diminue.

J'ai recueilli ces fragments dans les sables tertiaires glauconieux de St-Gervais près Magny (Seine-et-Oise).—Rare.

18. **Gervasiana** (*Nobis*).—Autre fragment d'une baguette ayant 4 millimètres de diamètre à la base, cylindrique, uniformément renflée et couverte de granulations fines, éparses ou irrégulièrement sériées.

Même localité que pour la précédente.

IIe GENRE.—SALENIA (Gray. Ag.)

Bouche entaillée. Anus placé en avant de la plaque suranale.

19. **Heliophora**. Desor.—Diamètre 12 millimètres, hauteur 8 millimètres.—Cette espèce est ordinairement bien conservée dans nos craies. Forme

subconique, légèrement pulvinée ou arrondie à sa base. Ambitus circulaire. Zônes interporifères sensiblement moins étroites à l'ambitus qu'au-dessus et au-dessous. Tubercules interambulacraires au nombre de trois seulement à chaque rangée, crénelés et entourés d'un cercle de six ou sept granules, constamment interrompu du côté contigu aux zônes porifères où l'espace manque aux granules. Des granulations plus fines s'observent çà et là dans les espaces intermédiaires. Les impressions rayonnées ou crénelures qui existent au-dessous du col des tubercules ne sont pas couvertes par le petit mamelon et demeurent très-visibles Dans tous les exemplaires, les bords de l'ouverture anale sont arrondis en arrière et droits en avant. L'appareil oviducal occupe toute la face supérieure du test ; il se rapproche de celui du *S. Scutigera* par la forme des plaques et du *S Personata* par la disposition rayonnée des lignes de sutures ; mais il diffère de l'un et de l'autre : premièrement, en ce que le système des sutures, au lieu de n'affecter que le bord des plaques et de laisser au milieu un espace libre, les envahit entièrement ; et secondement, en ce que les sutures, au lieu de se montrer sous forme de dépressions et de points creux, se traduisent, dans les exemplaires bien conservés, par des suites de points saillants, disposés comme des rayons autour de plusieurs centres. Les plaques interovariales sont elles-mêmes hérissées dans leur milieu et sur leurs bords de ces points saillants qui donnent au

S. Heliophora un aspect granuleux si caractéristique. Le disque ne se détache point sensiblement du reste du test, comme dans les autres espèces ; la séparation n'est même bien nette, au premier coup-d'œil, qu'au-dessous des plaques interovariales ; sur les côtés qui correspondent aux aires interambulacraires, la limite externe des plaques ovariales échappe d'autant plus facilement à la première vue, que leurs ornements ressemblent davantage aux granulations qui entourent les tubercules principaux et qui leur sont presque contiguës. Mais tous ces détails ne s'observent que sur des tests bien conservés.

Craie blanche : Vernonnet, Giverny, Petit-Andely, Pinterville.—Commune.

Baguettes du *Salenia Heliophora*.—J'ai trouvé plus d'une fois les baguettes de cette espèce réunies en petit faisceau, près du test. Leur longueur moyenne est de 10 millimètres et leur diamètre de 1 millimètre. Elles sont en épines, cylindriques ou un peu comprimées et lisses ; leur plus grand renflement est à la place du col ; il diminue régulièrement jusqu'à l'extrémité supérieure, qui est pointue. Le renflement annulaire est très-saillant et la facette articulaire est crénelée.

20. Scutigera. Gray.—Agassiz. Monog. des Salénies. Tab. 2. Fig. 1-8.

Craie chloritée : Fourneaux.—Rare.

IIIe GENRE.—PELTASTES. AGASSIZ.

Anus excentrique en arrière.

21. **Stellulata**. Ag.—*Salenia Stellulata*. Ag. Monog. des Salénies. Tab. 2. Fig. 25-32.
Craie chloritée : Fourneaux.—Rare.

IVe GENRE.—GONIOPYGUS. AGASSIZ.

Point de plaques suranales. Aire ambulacraire étroite, plus large pourtant en général que dans les espèces précédentes. Appareil génital à pourtour anguleux, composé de cinq plaques génitales formant un cercle autour de l'anus, et de cinq plaques ocellaires plus petites, intercalées extérieurement entre les plaques génitales.

22. ? **Minor** (*Nobis*). — Diamètre 7 millimètres, hauteur 4 millimètres.—Très-petite espèce, de forme un peu aplatie en dessus. Ambitus circulaire, bouche très-grande, à bords entaillés. Aires ambulacraires moins larges d'un tiers environ que les aires interambulacraires ; leurs tubercules sont aussi un peu plus petits et moins gros à la face inférieure qu'à l'ambitus. Tous ces tubercules paraissent coniques, pointus et imperforés. Ni les tubercules ambulacraires, ni les interambulacraires ne laissent voir d'étranglement entre leur mamelon et leur base, quoique je les aie examinés à la loupe. L'appareil oviducal, lisse et large, couvre presque toute la surface supérieure du test ; l'ouverture anale est centrale ; les cinq plaques génitales sont disposées en cercles à l'entour, et les cinq plaques ocellaires, plus petites, sont intercalées dans les angles rentrants formés par la jonction des plaques génitales.

Calcaire pisolithique de Montainville (Seine-et-Oise).—Très-rare.

Baguettes du *Goniopygus Minor*? J'ai recueilli dans la même localité des baguettes de 8 millimètres de long, très-comprimées, pointues au sommet, un peu plus dilatées vers le milieu du corps qu'au-dessus de la tête, où le col n'est indiqué que par un léger étranglement. La tête est très-courte et surmontée d'un anneau bien saillant ; la facette articulaire ne paraît pas crénelée. Ces baguettes semblent former deux variétés : les unes sont entièrement lisses, les autres sont lisses d'un côté et offrent de l'autre trois ou quatre rangées verticales de granules s'étendant jusqu'au sommet, qui est costulé et subuliforme.

2me Tribu.—Latistellés.

Aire ambulacraire égale au moins au tiers de l'aire interambulacraire. Tubercules interambulacraires nombreux, perforés ou imperforés. Branches ambulacraires, tantôt formées de deux séries verticales de pores, tantôt offrant des paires multiples de pores, disposées obliquement ou en arc.

A—TUBERCULES PERFORÉS.

Branches ambulacraires formées de deux séries verticales de pores, excepté quelquefois près de la bouche et de l'anus, où les pores, en se dédoublant, semblent former plus de deux rangées.

Ve GENRE.—DIADEMA. GRAY. AG.

Diffère des Astropyga *par les gros tubercules des aires ambulacraires, et des* Hemidiadema *en ce que, dans ceux-ci, les aires ambulacraires ne sont composées que d'une seule rangée de tubercules.*

23. **Fornaceum** (*Nobis*).—Je ne possède qu'un exemplaire un peu déformé. Les aires ambulacraires égalent en largeur plus de la moitié des aires interambulacraires. Il y a deux rangées de tubercules principaux dans chaque aire ambulacraire et interambulacraire, et ces quatre rangées sont parfaitement uniformes. Les aires interambulacraires comptent en outre deux rangées secondaires, placées une de chaque côté, à l'extérieur de chaque rangée principale, et accompagnant celle-ci jusques un peu au-dessus de l'ambitus. Tous ces tubercules sont crénelés, perforés, mais faiblement scrobiculés, tangents entre eux par leur base dans la même rangée ; en sorte qu'il n'existe pour chacun d'eux qu'un demi-cercle de granules placé dans l'aire ambulacraire entre les deux rangées, et dans l'aire interambulacraire entre les deux rangées internes, pour les tubercules principaux, et le long des zônes porifères pour les deux rangées secondaires.

Craie chloritée : Fourneaux.—Très-rare.

24. **Michelini**. Agas.—Diamètre 25 millimètres, hauteur 11 millimètres.—Dans la collection de M. Michelin, cette espèce est rangée dans le sous-genre *Tetragramma*. Agassiz et Desor l'avaient laissée parmi les *Diadêmes* proprement dits. On peut concilier les deux opinions en la considérant comme intermédiaire entre les *Diadêmes* et les *Tetragrammes*. Ses pores se dédoublent à la face inférieure, comme cela a souvent lieu chez les *Tetragrammes ;* mais les quatre rangées de tubercules des aires interambu-

lacraires ne sont point parfaitement uniformes ; les deux externes ne sont point égales aux autres sous le rapport de la grosseur de leurs tubercules à la face inférieure et à la face supérieure du test ; ce second caractère retient le *Tétragramma Michelini* dans la division des *Diadêmes*, qui présentent quatre rangées de tubercules interambulacraires, dont deux principales et deux secondaires. Tous les tubercules du *Diadema Michelini* sont entourés de fins granules.

Craie chloritée : Fourneaux.—Assez rare.

VIe SOUS-GENRE.—TETRAGRAMMA. Ag.

Au moins quatre rangées de tubercules principaux dans les aires interambulacraires; les pores se dédoublent fréquemment à la face supérieure.

25. **Subnudum ?** Ag.—Diamètre 28 millimètres, hauteur 11 millimètres.—Quoique cet oursin n'appartienne pas au département, j'ai cru devoir le décrire parce qu'il présente une particularité de forme assez singulière, à laquelle pourtant je n'aurais attaché aucune importance, si je ne l'avais observée sur un autre exemplaire de la même localité qui fait partie de la collection de M. le vicaire de Notre-Dame-du-Bon-Secours, à Rouen. Il s'agit d'une forte protubérance de l'ambitus, qui affecte une aire ambulacraire et une aire interambulacraire. Les rangées de tubercules qui passent sur ce renflement ne comptent pas cependant un plus grand nombre de tubercules que les autres, et ces tubercules montent aussi haut et descendent aussi bas ; mais ils y sont beaucoup plus espacés que dans

les autres parties du test. L'espace compris entre les deux rangées principales de l'aire interambulacraire est aussi beaucoup plus considérable sur la protubérance que dans les autres aires ; à cela près, le *T. Subnudum* est un oursin élégant ; ses pores sont dédoublés ; les aires interambulacraires renferment six rangées de tubercules, savoir : deux rangées secondaires dont les tubercules sont petits, inégaux, et s'élèvent à peine jusqu'à l'ambitus, et quatre rangées principales, dont les deux externes disparaissent près du sommet. Tous ces tubercules sont assez espacés pour ne pas gêner le développement des fines granulations qui forment autour d'eux un cercle complet, du moins à la face supérieure et à l'ambitus ; car, à la face inférieure, les bases des trois derniers tubercules des rangées externes sont tangentes avec celles des tubercules des rangées internes. L'espace, assez considérable, compris entre les deux rangées principales internes est à peu près nu ; c'est sans doute à cette particularité que l'espèce doit son nom.

Craie chloritée du Tunnel de Ste-Catherine-de-Rouen.—Rare.

B—TUBERCULES IMPERFORÉS.

† *Branches ambulacraires formées de deux séries verticales de pores.*

VIIe GENRE.—CYPHOSOMA. Ag.

Tubercules ambulacraires égaux aux interambulacraires.

26. **Ornatissimum?** Ag. et Désor. *Catal. raisonné.* 1. C.—Diamètre 40 millimètres, hauteur 15 millimètres.—Test à peu près également aplati sur les

deux faces ; pores dédoublés à la face supérieure ; zônes porifères droites à la face supérieure, et onduleuses depuis l'ambitus jusqu'à la bouche. Tubercules très-saillants, à crénelures très-apparentes, assez espacés et uniformes dans les deux rangées de chaque aire. Deux rangées de tubercules secondaires dans l'aire interambulacraire, une de chaque côté externe des deux rangées principales. Les tubercules secondaires sont assez développés sur les deux faces, et presque nuls à l'ambitus ; tous les tubercules sont entourés d'un cercle granuleux. Les tubercules principaux, très-gros à l'ambitus, diminuent de volume en approchant de la bouche et de l'anus ; c'est le contraire pour les tubercules secondaires. On ne voit pas de tubercules miliaires entre les rangées des principaux.

Craie blanche : Vernonnet, la Villette, près Louviers, Clachaloze.—Assez rare.

27. **Radiatum** (*Nobis*).—An. *C. Perfectum* Ag. et Desor ? *Catal. raisonné.* 1. C.—Diamètre 22 millimètres, hauteur 10 millimètres.—Test mince et le plus souvent déformé dans les craies du département, où l'espèce est assez commune. Ambitus circulaire. Forme aplatie par-dessus, concave par-dessous, autour de la bouche.—Entailles buccales des aires ambulacraires beaucoup plus espacées que celles des aires interambulacraires. Tubercules égaux dans les deux aires, crénelés, plus gros sur le pourtour qu'aux approches de l'anus et de la bouche, entourés d'un cercle scrobiculaire de granules fins et

serrés ; point de tubercules secondaires ; point d'autres tubercules miliaires que ceux des cercles scrobiculaires. Zônes porifères très-flexueuses. Mais un caractère que je ne dois pas omettre, ce sont les nombreuses petites impressions perlées, sillonnant la zône lisse des tubercules, et disposées autour de ceux-ci comme des rayons autour de leur centre.

Craie blanche : Vernonnet, Pinterville.

28. **Circinatum?** Ag.—Diamètre 15 millimètres, hauteur 6 millimètres.—Forme subpentagonale, plus aplatie à la face inférieure que la précédente, et moins déprimée à la face supérieure. Ses tubercules sont aussi plus petits quoiqu'entourés d'un cercle de granules bien distincts et très-serrés.

Craie blanche : Vernonnet, Pinterville.—Craie chloritée : Fourneaux.—Rare.

29. **Corollare**. Ag. — Diamètre 44 millimètres, hauteur 20 millim.—Espèce aplatie, à tubercules uniformes, dont je ne possède que des moules intérieurs, qui sont fréquents dans les galets de Surville et de Venon, sur la route de Louviers à Neubourg.

50. ? **Striatulum** (*Nobis*).—Longueur moyenne 10 millimètres, diamètre 1 millimètre.—Ce sont des baguettes cylindriques, lisses, très-longues à proportion de l'exiguité de leur diamètre ; sillonnées dans toute leur longueur de nombreuses et fines stries ; terminées à leur extrémité inférieure par un anneau très-saillant, détaché, qui offre dans sa réunion avec la tête l'aspect d'un chapeau pointu.

On suit les stries longitudinales jusqu'aux rebords de la facette articulaire, où elles semblent devenir de véritables crénelures.

Calcaire grossier : Fours, château de Beauregard, près Fontenay (Eure). Montainville, près Maule (Seine-et-Oise). Vanves, près Paris.—Très-commune.

VIIIe GENRE.—COELOPLEURUS. Ag.

Tubercules spiniformes.

31. **Radiatus.** Agas.—Diamètre 20 millimètres, hauteur 9 millimètres.—Test mince, de forme subpentagonale. Interambulacres plus larges d'un quart environ que les ambulacres, et contenant deux rangées de tubercules secondaires, qui s'élèvent jusque vers la moitié de la face supérieure. Leurs tubercules, très-écartés à la face supérieure et à l'ambitus, sont à peu près aussi serrés que les autres à la face inférieure. Sur le côté interne de chaque rangée secondaire, et très-près d'elle, s'élève une rangée de granules épineux, commençant un peu au-dessus de l'ambitus, vis-à-vis le point où finissent les deux rangées principales, et s'élevant jusqu'à l'appareil oviducal. Les tubercules des ambulacres et les tubercules principaux des interambulacres sont tangents entre eux par leur base dans la même rangée et d'une rangée à l'autre. A l'ambitus, les tubercules ambulacraires sont aussi gros et peut-être même un peu plus gros que les tubercules interambulacraires. Scrobicules nuls ; cercles scro-

diculaires granuloïdes à peu près nuls aussi, surtout pour les tubercules principaux, car on voit encore à la loupe quelques petits points granuleux autour des tubercules secondaires et des tubercules ambulacraires. Zônes porifères droites. Entailles buccales des ambulacres plus espacées que celles des interambulacres. L'anus offre la forme d'un pentagone; ses bords sont relevés, et ses cinq angles sont flanqués à leur sommet d'un granule très-saillant.

Glauconie grossière : Fontenay, Fours, château de Beauregard, près Fontenay.—Pas très-rare.

IXe GENRE.— TEMNOPLEURUS. Ag.

Diffère des Salmacis *par ses impressions qui lui donnent une apparence sculptée.*

32. **Pulchellus** (*Nobis*).—Diamètre 11 millimètres, hauteur 7 millimètres —Test assez épais, de forme conique à la face supérieure, arrondie à la base, concave autour de la bouche. Ambitus circulaire. Pores disposés par simples paires un peu obliques. Zônes porifères droites ; zônes tuberculées plus larges à l'ambitus qu'à la face inférieure. Aire ambulacraire égalant à peu près la moitié de l'autre, et portant deux rangées de tubercules ; l'aire interambulacraire en compte quatre rangées, dont deux secondaires, moins saillantes, et ne s'élevant que jusque vers le milieu du test. Les tubercules secondaires sont égaux entre eux, comme les principaux paraissent eux-mêmes très-uniformes et pas beaucoup plus gros à l'ambitus qu'au-dessous

et au-dessus. Les rangées des aires interambulacraires montent un peu plus haut que celles des aires ambulacraires ; dans les deux aires, elles ne renferment guère plus de dix tubercules très-espacés et imperforés L'appareil oviducal n'existe plus dans l'exemplaire que j'ai sous les yeux. Les zônes porifères sont déprimées, et lorsque les ornements du test ont été effacés, on voit que les deux aires sont divisées en deux portions égales par un sillon vertical très-évasé. Les tubercules des deux rangées principales interambulacraires sont réunis dans chaque rangée par de petits filets verticaux, de chaque côté desquels s'ouvrent les impressions transversales. Les plaques coronales, entamées à leurs côtés externes par ces impressions, et à leurs côtés internes par d'autres incisions correspondant à leurs sutures, apparaissent comme de petits polygones saillants, tout couverts de fines granulations et correspondant chacun à un tubercule principal, tandis qu'en dehors des tubercules principaux, d'autres carrés granuleux, sculptés par la partie externe des pores angulaires, et disposés obliquement, correspondent à l'entre-deux des tubercules secondaires, et finissent avec eux ; il y a donc à peu près autant de pièces sculptées que de tubercules principaux et secondaires dans chaque aire interambulacraire. Les aires ambulacraires ne sont pas bien conservées; on voit cependant qu'elles portent deux rangées de tubercules aussi gros que ceux de l'interambulacre, mais entremêlés de tubercules miliaires. L'espace intermédiaire entre ces deux rangées est aussi granuleux que celui des aires interambulacraires. Dans les deux aires, les tubercules sont très-espacés. Ces détails, comme on le pense bien, ne peuvent être étudiés qu'avec la loupe.

Craie marneuse de Rouen.—Très-rare.

†† Branches ambulacraires formées de paires de pores disposées obliquement sur trois rangs.

Xe GENRE.—POLYCYPHUS. Ag.

Tubercules uniformes sur toute la surface du test.

33. **Arenatus.** Desor.—Diamètre 9 millimètres, hauteur 5 millimètres.—Test de forme conique à ambitus circulaire et à base arrondie. Pores disposés par paires obliques, alternativement simples et doubles. Chaque aire est partagée en deux portions égales par un sillon vertical plus ou moins évasé. L'aire ambulacraire n'égale pas la moitié de l'autre et ne présente que quatre rangées de tubercules assez uniformes. On en compte environ quatorze rangées dans l'aire interambulacraire ; sur ce nombre, huit environ s'élèvent jusqu'au sommet génital. Les tubercules des deux rangées internes paraissent un peu plus allongés dans le sens vertical du test. En général, les séries de tubercules ne sont pas parfaitement régulières et paraissent autant horizontales que verticales.

Craie chloritée : Fourneaux.—Très-rare.

XIe GENRE.—ECHINUS. LINN.

34. ? **Eugenii** (*Nobis*).—Diamètre 5 millimètres, hauteur un peu plus de 2 millimètres.—Je dois ce petit oursin à l'obligeance de M. Eugène Chevallier, de Gisors, qui l'a trouvé dans un univalve provenant du calcaire grossier de Parnes. Il n'est pas assez bien conservé pour pouvoir être décrit convenablement. L'ambitus est parfaitement circulaire; la face supérieure est légèrement bombée, et l'inférieure est concave. Il ne reste des aires ambulacraires que les tubercules de la partie supérieure; on voit qu'ils formaient deux rangées, et qu'ils n'étaient pas plus petits que ceux de l'interambulacre, mais ne montaient pas tout-à-fait aussi haut. L'aire interambulacraire ne contient non plus que deux rangs de tubercules très-petits, au nombre de dix environ à la rangée, et entourés de quelques granules miliaires.

Calcaire grossier : Parnes.

35. ? **Cretaceus** (*Nobis*).—Longueur 15 millimètres, diamètre 2 millimètres.—Petites baguettes spiniformes, assez analogues à celles des *Echinus Neglectus et Lividus*, cylindriques, tronquées au sommet, à tête annulaire, enflée et courte, et à facette articulaire large et lisse. Elles sont tantôt canaliculées et tantôt unies.

Craie blanche : Pinterville, Vernonnet.

DEUXIÈME DIVISION.

ECHINIDES PARANORMAUX OU IRRÉGULIERS.

BOUCHE ET ANUS NON OPPOSÉS SUR UNE MÊME LIGNE VERTICALE.

Première Section.

Echinides pourvus d'un appareil masticatoire.

Bouche centrale ou subcentrale ; ambulacres pétaloïdes bornés.

FAMILLE 2e. CLYPÉASTROIDES. Ag.

Oursins de forme souvent aplatie ; ambitus pentagonal, elliptique ou circulaire, parfois sinué ou lobé ; test épais, couvert de petits tubercules très-serrés et très-uniformes ; ambulacres plus ou moins pétaloïdes, quelquefois fermés, bornés à la face supérieure, rectilignes en forme de sillons, ou anastomosés à la face intérieure. Cinq plaques génitales formant un cercle autour du corps madréporiforme. Cinq plaques ocellaires, intercalées entre les plaques génitales au sommet des ambulacres.

XIIe GENRE.—SCUTELLINA. Agas.

Petits oursins très-plats, circulaires ou elliptiques. Pétales convergents, mais ouverts, à pores non conjugués. Bouche ronde.

36. **Nummularia**. Agas. Monog. des Scut. p. 99, tab. 21, fig. 8-14.—*Scutellina Lenticularis* Agas. Monog. des Scut. p. 101, tab. 21, fig. 20-23.

Calcaire grossier : Cocherel.—Assez rare.

37. **Placentula**. Mérian.—Agas. Monog. des Scut. p. 102, tab. 21, fig. 1-7.

Calcaire grossier : Vely, Écos, Auteverne.—Commune.

38. **Elliptica.** Ag. *Scutellina Obovata* Ag. Monog. des Scut. p. 103, tab. 21, fig. 24-28.

Calcaire grossier : Château de Beauregard, près Fontenay, Fours, Civières, Pacy-sur-Eure, Cocherel. —Abondante.

39. **Hayesiana.** Agas Monog. des Scut. p. 103, tab. 21, fig. 15-19 (sous le nom de *Scutellina-Supera*).

Calcaire grossier : Château de Beauregard où elle est commune.

40. **Supera.** Desor ?—Diamètre antéro-postérieur 7 millimètres, diamètre transverse 6 millimètres, hauteur 2 millimètres.—Test de forme aplatie par-dessus, un peu concave par-dessous. Ambitus subelliptique, moins large en avant qu'en arrière, où il est tronqué par le sillon anal. Anus supère, elliptique, percé sur le bord supérieur, dans une dépression évasée ; bouche ronde et centrale. Pores simples. Zônes porifères des ambulacres pairs sémipétaloïdes ; zônes interporifères ouvertes. Le trapèze formé par les quatre pores génitaux est plus large

par derrière que par devant. Cette espèce est voisine des *Scutellina Hayesiana* et *Complanata;* mais elle est beaucoup moins allongée que la première, et plus arrondie en arrière que ces deux espèces, qui paraissent tronquées carrément par le rétrécissement du côté droit et du côté gauche postérieurs. La *Scutellina Complanata* est plus concave, plus patelliforme à sa face inférieure ; son anus est plus éloigné du bord, et l'ambitus n'est pas échancré par la dépression anale.

Glauconie grossière : Beauregard, Cahaignes.— Assez rare.

XIIIe GENRE.—ECHINOCYAMUS. Vanphels.

Pétales fort longs, ouverts, à pores non-conjugués. Bouche ronde, anus inférieur. Des cloisons intérieures. Quatre pores génitaux. Diffère des Laganes *par ses cloisons et par son anus rapproché de la bouche.*

41. **Inflatus.** Agassiz. Monog. des Scut. p. 137.— Diamètre antéro-postérieur 8 millimètres, transv. 7 millimètres, hauteur 5 millimètres.—Petite espèce allongée, elliptique et renflée, légèrement tronquée aux côtés de la face postérieure, et à base pulvinée. Bouche grande, ronde et centrale. Anus intramarginal, petit, à bords relevés. Sommet ambulacraire plus rapproché de la face antérieure que de la face postérieure. Trapèze génital un peu plus large en arrière qu'en avant. Pores simples. Zônes porifères et interporifères postérieures ordinairement un peu plus longues et un peu moins ouvertes que les antérieures.

Calcaire grossier : Fontenay, Fours, Civières, Cahaignes, Auteverne, etc.—Très-abondante.

XIVe GENRE.—LENITA. Desor.

Forme allongée, déprimée. Pétales ouverts, à pores non-conjugués. Face inférieure en partie lisse. Bouche ronde. Anus supra-marginal. Quatre pores génitaux.

42. **Patellaris.** Agas.—Diamètre antéro-postérieur 15 millimètres, transverse 12 millimètres, hauteur 4 millimètres.—Forme allongée, un peu élargie en arrière, déprimée en dessus et légèrement échancrée aux deux côtés de la face postérieure. Anus supra-marginal, rond, étroit, logé au fond d'un petit sillon et percé dans le sens du diamètre antéro-postérieur. Zônes porifères des ambulacres pairs sémipétaloïdes et ouvertes. Sommet génital identique avec le sommet dorsal et placé à peu près à égale distance de l'anus et du bord de la face antérieure Tubercules nombreux, scrobiculés, peu apparents à la face supérieure, où ils forment des séries transversales et obliques ; très-saillants à la face inférieure, où leurs scrobicules paraissent plus larges et plus profonds, et où ils forment des séries transversales interrompues dans toute la longueur du diamètre antéro-postérieur par un large fasciole couvert d'une fine granulation. Bouche grande et centrale.

Calcaire grossier : Auteverne, Fontenay, Fours, Cahaignes, Civières, Ecos, Cocherel, etc.—Partout abondante.

Deuxième Section.

Echinides dépourvus d'appareil masticatoire.

(Ambulacres de forme variable).

FAMILLE 5e. CASSIDULIDES.

Les cinq ambulacres (les postérieurs quelquefois disjoints pourtant) convergent vers un point central. Bouche non labiée, centrale ou subcentrale, souvent entourée de bourrelets et pourvue d'ambulacres pétaloïdes péristomaux. Ambulacres simples, continués ou pétaloïdes et interrompus, ou effacés vers l'ambitus. Tubercules épars ou sériés.

† *Ambulacres simples.*

XVe GENRE.—DISCOIDEA. GRAY.

43. **Subuculus**. Leske.-Desor. Monog des Galerites, p. 54, tab. 7, fig. 5-7.
Craie chloritée : Fourneaux, la Madeleine.—Très-abondante.

44. **Minima.** Agas.—Desor. Monog. des Galerites, p. 56, tab. 7, fig. 1-4.
Craie blanche inférieure : Vernonnet, Fourneaux. —Assez rare.

45. **Cylindrica ?** Agas.—Desor. Monog. des Galer. p. 58, tab. 8, fig. 8-16.
Craie blanche inférieure : Vernonnet.—Très-rare et mal conservée.

XVIe GENRE.—GALERITES. Lamk.

46. **Albogalerus** Lamk.—Desor. Monog. des Galer. p. 11, tab. 1, fig. 4–11 et tab. 13, fig. 7.
Craie blanche inférieure : Vernonnet, Pinterville. —Assez rare.

47. **Vulgaris** Lamk.—Desor. Monog. des Galerites, p. 14, tab. 2, fig. 1–10, et tab. 13 fig. 4–6.
Craie blanche : Vernonnet ; Carrières de M. de Boisguilbert, à Pinterville.—Assez rare.

48. **Globulus** Desor. Monog. des Galerites, p. 18, tab. 4, fig. 1–4.
Craie blanche : Louviers, Vernonnet.—Très-rare.

49. **Castanea** Agas.—Desor. Monog. des Galerites, p. 23, tab. 4, fig. 12–16.
Craie chloritée : Fourneaux.—Rare.

XVIIe GENRE.—PIRINA. Desml.

Forme allongée, plus ou moins renflée, régulièrement ovale. Bouche pentagonale sans bourrelets, plus ou moins allongée et même oblique. Anus longitudinal, supère. Tubercules serrés, nombreux, non sériés.

50. **Montainvillensis** (*Nobis*). An. *Pyrina Freuchenii?* Desor.—Test épais, de forme ovale, aussi large devant que derrière, et à base pulvinée. Bouche centrale, pentagonale, oblique, et s'ouvrant au milieu d'une dépression produite par le renflement de la base. Anus elliptique, supra-marginal, et cependant invisible d'en haut, parce qu'il est placé dans l'échancrure de la face postérieure. Tubercules

imperforés. Les aires ambulacraires comptent quatre rangées de tubercules sur le milieu du test. Tubercules miliaires très-nombreux et épars. Ambulacres simples. Pores ambulacraires superposés régulièrement par simples paires obliques depuis le sommet jusqu'à la bouche. Sommet génital mal conservé.

Calcaire pisolitique de Montainville, près Maule (Seine-et-Oise).

XVIIIe GENRE.—CARATOMUS. AGAS.

51. **Rostratus**. Ag.—Desor. Monog. des Galerites, p. 38, tab. 5, fig. 1-4.

Craie chloritée : Fourneaux.—Assez rare.

†† Ambulacres plus ou moins pétaloïdes, interrompus ou effacés vers l'ambitus. Zônes porifères toujours pétaloïdes, ordinairement fermées.

XIXe GENRE.—NUCLEOLITES. LAMK.—AG.

MM. Agassiz et Desor (Catalogue raisonné 1. C.) *ayant donné pour caractère négatif à leur genre* Nucleolite *d'avoir la bouche dépourvue de bourrelets et de rosette ambulacraire pétaloïde*, caractère, *disent-ils*, qui le distingue des Catopygus et des Cassidules, *je n'aurais pas hésité, malgré quelque différence de forme, à placer les deux espèces suivantes dans le genre* Cassidule ; *mais M. Michelin, qui a bien voulu en prendre communication, les a identifiées, sans balancer, aux* Nucleolites Analis et Faba. AGAS., *qui ne m'étaient connus par aucune description. Ainsi, la caractéristique de ces genres a besoin d'être modifiée.*

52. **Analis**. Agas.—Diamètre antéro-postérieur 27 millimetres, transverse 21 millimètres, hauteur 13 millimètres.—Test mince. Forme allongée, aplatie

en dessous, renflée en dessus, comme tronquée et subcarrée à la face postérieure, au-dessus de sa base. Bouche pentagonale, subcentrale, beaucoup moins éloignée du bord antérieur que du bord postérieur, et correspondant au point qu'occupe le sommet ambulacraire. Anus supra-marginal, longitudinal, logé dans un sillon profond. Pores allongés, mais non conjugués. Ambulacres pétaloïdes, interrompus. Zônes porifères et interporifères ouvertes. La largeur d'un ambulacre est d'un peu plus de deux millimètres. Quatre pores génitaux, les deux postérieurs plus écartés que les deux antérieurs. Tubercules non sériés, très-nombreux, moins gros à la face supérieure qu'à la face inférieure, où ils paraissent distinctement scrobiculés et forment de nombreuses rangées transversales ou obliques. Bouche munie de bourrelets et d'une rosette péristomale.

Calcaire pisolithique de Montainville.—Rare.

53. **Faba.** Agas.—Diamètre antéro-postérieur 29 millimètres, transverse 20 millimètres, hauteur 10 millimètres; largeur d'une aire ambulacraire 3 millimètres.—Espèce voisine de la précédente; mais la face supérieure est ici très-déprimée; les bourrelets de la bouche sont séparés par de plus larges et plus profondes entailles. Les pores de chaque branche de l'ambulacre sont réunis par des sillons transverses, et les ambulacres larges et arrondis ne descendent pas jusqu'à l'ambitus. Les deux ambulacres pairs antérieurs sont plus courts et plus

complètement pétaloïdes que les autres, et leurs zônes porifères sont fermées. Les pores génitaux et ocellaires dessinent un petit rond au milieu de la rosette ambulacraire. Tubercules non sériés, très-nombreux, trois ou quatre fois plus gros à la face inférieure qu'à la face supérieure.

Calcaire grossier : Fours, Beauregard, près Fontenay.— Rare.

XXe GENRE.—CATOPYGUS. Agas.

Forme renflée, plus étroite en avant qu'en arrière. Ambulacres plus ou moins pétaloïdes. Face inférieure plate. Bouche entourée de bourrelets avec une rosette de pores buccaux très-distincte entre ces bourrelets. Face postérieure tronquée. Anus au bord supérieur de la face postérieure.

54. **Carinatus.** Agas.—Diamètre antéro-postérieur 25 millimètres, transverse 20 millimètres, hauteur 15 millimètres.—Forme allongée, plus étroite en avant qu'en arrière. Sommet dorsal excentrique en arrière, et un peu plus élevé que le sommet ambulacraire, qui est central. Face inférieure plate et rétrécie par le renflement de l'ambitus. Face postérieure subtronquée au-dessous de l'anus. Anus elliptique, vertical, placé au bord supérieur de la face postérieure, et surmonté d'une carène qui résulte des deux sillons évasés qui le pressent de chaque côté et qui convergent vers l'appareil oviducal. Ambulacres pétaloïdes. Pores réunis par des sillons transverses. Zônes porifères et interporifères ouvertes. Bouche pentagonale, entourée de

bourrelets avec une rosette de pores buccaux. Il se rapproche beaucoup du *C. Columbaris* Agas.; mais celui-ci est plus allongé et plus étroit en avant, et la carène dorsale est moins accusée.

Craie chloritée : Fourneaux.— Rare.

XXIe GENRE.—PYGORHYNCHUS. Agas.

Forme allongée. Ambulacres distinctement pétaloïdes, souvent costulés. Bouche centrale ou subcentrale, pentagonale, entourée de bourrelets et de pores buccaux très-distincts. Anus à la face postérieure, plus près du bord supérieur que du bord inférieur.

55. **Grignonensis.** Agas.—Diamètre antéro-post. 35 millimètres, transverse 30 millimètres, vertical 20 millimètres.—Forme allongée, subpentagonale, assez haute, quelquefois subconique, un peu arrondie sur les flancs. Le plus grand diamètre vertical est entre le bord postérieur et le centre ambulacraire. Bouche subcentrale en avant, transverse, pentagonale, munie de bourrelets, entourée d'une rosette de pores buccaux, et correspondant par sa position au centre ambulacraire. Anus transverse, subrostré, placé au-dessus de l'ambitus, dans un sillon évasé qui semble n'être que le prolongement d'une bande lisse, longitudinale, qui s'étend à fleur de test jusqu'à la bouche. Ambulacres pétaloïdes, souvent costulés, à branches réunies par des sillons. Zônes porifères et interporifères ouvertes. Tubercules nombreux, épars, scrobiculés, plus développés à la face inférieure qu'au pourtour et à la face supérieure.

Calcaire grossier : Fours, Ecos, Beauregard.— Commun.

36. **Affinis** (*Nobis*).—Diamètre antéro-postérieur 12 millimètres, transverse 11 millimètres, hauteur 7 millimètres.—Cette espèce ressemble beaucoup à un jeune *P. Grignonensis* dont la face supérieure serait déprimée Il y a cependant encore entre les deux espèces ces différences notables, que le test est moins allongé dans le *P. Affinis*, et que l'anus, au lieu d'être transverse, est vertical et pyriforme, ayant sa pointe aiguë dirigée vers la face inférieure du test. Ambulacres pétaloïdes, à zônes porifères et interporifères ouvertes. Les tubercules ne sont pas apparents sur mon exemplaire. Je ne puis dire si les pores ambulacraires sont conjugués. La bouche ressemble parfaitement, par sa position et sa forme, à celle de l'espèce précédente.

Calcaire pisolithique de Montainville.—Rare.

La même localité renferme un autre oursin dont le test est assez épais; les ambulacres sont pétaloïdes, larges et surtout très-longs, conjugués, à branches inégalement arquées, selon leur position ; la bouche est munie de gros bourrelets et d'une rosette pétaloïde. Tubercules et scrobicules ronds, petits, très-serrés, non-sériés d'une manière suivie, beaucoup moins nombreux à la face inférieure et autour de la bouche, où ils sont, en revanche, beaucoup plus développés. Les débris que j'ai recueillis ne donnent pas d'autres renseignements sur cette espèce, qui n'est peut-être pas distincte de la précédente.

XXIIe GENRE.—ECHINOLAMPAS. Gray.

Test de forme allongée ou subdiscoïde. Ambulacres larges, ordinairement costillés en forme de pétales resserrés là où ils cessent d'être renflés. Face inférieure concave. Bouche médiane. Anus transversal. Sommet apicial ordinairement excentrique. Diffère du genre Conoclypus *par ses pétales ambulacraires et par son anus transversal.*

57. **Affinis ?** Ag.—Diamètre antéro-postérieur 44 millimètres, transverse 39 millimètres, hauteur 20 millimètres.—Test assez épais, de forme pentagonale, subconique, à bords tranchants, à face supérieure carenée en forme de toit, les flancs étant très-déprimés; base un peu renflée, face inférieure concave ; bouche subcentrale en avant, garnie de gros bourrelets et d'une rosette péristomale très-pétaloïde. L'anus m'a paru marginal, et plutôt vertical que transverse. Ambulacres pétaloïdes, interrompus, assez larges, à pores conjugués. Zônes porifères presque fermées ; zônes interporifères ouvertes. Sommet génital identique avec le sommet dorsal, et ni plus ni moins avancé que dans *l'Echinolampas Similis*. Tubercules petits, très-serrés, non-sériés, moins nombreux et plus développés par-dessous que par-dessus. Cet oursin à été trouvé dans le calcaire grossier de Chaumont (Oise), par M. Eugène Chevalier, de Gisors. Depuis, j'en ai recueilli moi-même plusieurs exemplaires dans les sables glauconieux de St-Gervais, près Magny. On doit s'attendre à le trouver aussi dans le département de l'Eure.

FAMILLE 4e. SPATANGOIDES.

Test plus ou moins cordiforme, tronqué en arrière, élargi en avant. Bouche labiée, réniforme ou ovale, toujours transverse. Ambulacres tantôt réunis au sommet et tantôt disjoints et convergeant ou non vers un seul centre; l'antérieur ou impair différent des quatre ambulacres pairs par sa structure plus simple. Fascioles de position variable suivant les genres. Quatre pores génitaux et cinq trous ocellaires.

† *Ambulacres plus ou moins pétaloïdes non disjoints.*

XXIIIe GENRE.—SPATANGUS. Klein.

Ambulacres pairs et zônes interporifères paires très-pétaloïdes, souvent presque fermés. Ambulacre impair, logé dans un large et profond sillon. De grands tubercules scrobiculés, perforés et crénelés sur les aires interambulacraires, indépendamment des petits tubercules ordinaires. Un fasciole sous-anal profondément échancré. Quatre pores génitaux dessinant un trapèze plus large que long.

58. **Grignonensis.** Agas. Petite espèce de forme aplatie, à ambulacres étroits. Elle paraît peu tuberculeuse à la face supérieure. Elle est ordinairement assez mal conservée.

Calcaire grossier : Fours, Fontenay, Civières.— Pas très-rare.

59. **Fissus** (*Nobis*).—An. *Spatangus Grignonensis.* Agassiz ?—Diamètre antéro-postérieur 40 millim. diamètre transverse 34 millimètres environ, hauteur environ 12 millimètres —Petite espèce qui ressemble beaucoup à la précédente par sa forme générale. Test très-mince, de forme allongée et bilatérale. Face supérieure déprimée en forme de

toit ; face inférieure légèrement concave. Le sillon de l'ambulacre impair échancre fortement l'ambitus et vient aboutir, à la face inférieure, à une dépression profonde qui s'étend vers la bouche et qui caractérise cet oursin. L'anus est situé sur la facette anale, au-dessus de l'ambitus ; la forme de cet organe, celle de la bouche aussi bien que les ambulacres, me sont inconnus, mon exemplaire étant incomplet. A la face inférieure, des deux côtés de la côte sternale, les tubercules sont assez nombreux, très-saillants, non scrobiculés et disposés par petites rangées transversales ; à la face supérieure, ils sont nettement scrobiculés, quoique moins saillants, et composent des groupes formés de séries plus ou moins horizontales, et d'autant plus nombreux qu'ils s'éloignent davantage du centre ambulacraire. Les tubercules de l'ambitus sont fins et serrés.

Calcaire grossier : Fours.—Très-rare.

60. **Archiaci?** Agas.—Diamètre antéro-postérieur 50 millim., diamètre transverse environ 50 millim., hauteur environ 15 millimètres.—Test très-mince, déprimé, mais non en toit. Ambulacres pétaloïdes, longs et assez larges. Pores conjugués. Zônes porifères presque fermées ; zônes interporifères ouvertes. Tubercules principaux assez largement scrobiculés, s'étendant jusqu'au pourtour, et au nombre de 28 ou 30 dans une aire interambulacraire paire postérieure. A l'ambitus, les tubercules miliaires sont très-serrés. Exemplaire défectueux.

Calcaire grossier : Fours.—Très-rare.

61. **Integer** (*Nobis*).—Diamètre antéro-postérieur 24 millimètres, transverse 17 millimètres, hauteur 9 millimètres.—Le test est d'une minceur extrême, subcirculaire, arrondi en avant. La face supérieure n'est pas déprimée en toit. Le sillon antérieur est si superficiel qu'il n'échancre pas sensiblement l'ambitus; on dirait d'une simple bande lisse. Sommet ambulacraire excentrique en avant. Les deux aires interambulacraires paires antérieures paraissent beaucoup plus tuberculeuses que les autres. Les tubercules de l'ambitus sont nombreux, saillants, épars et inégaux. Ambulacres pétaloïdes. Zônes interporifères ouvertes. Pores conjugués. Dans les ambulacres pairs antérieurs, ce sont les zônes porifères postérieures qui sont le plus arquées, c'est le contraire dans les ambulacres postérieurs. Cette espèce ne m'est connue que par un seul exemplaire détruit en partie, et en partie recouvert par la pierre.

Calcaire grossier : Fours.—Très-rare.

XXIVe GENRE.—MACROPNEUSTES. Ag.

Forme enflée. Pétales allongés, ouverts ou imparfaitement fermés. Zônes porifères, égalant en largeur l'espace intermédiaire. Des tubercules sur les aires ambulacraires, mais cependant moins saillants que ceux des Spatangues. Un fasciole latéral à la hauteur de l'extrémité des ambulacres et passant par-dessus l'anus.

62. **Subovatus** (*Nobis*). An. *Macropneustes Deshayesii* ? Ag.—Diamètre antéro-postérieur 55 mill. hauteur 30 millimètres.—Grande espèce, de forme

allongée, enflée, subcirculaire, ovalaire, pas beaucoup plus large en avant qu'en arrière. Test mince. Sommet ambulacraire excentrique en arrière. Ambulacres pétaloïdes, larges, très-longs, descendant presque jusqu'à l'ambitus, et placés dans des sillons très-évasés. Pores conjugués. Zônes porifères presque fermées, aussi larges que les interporifères; celles-ci paraissent peu tuberculeuses. Les tubercules des aires interambulacraires sont assez nombreux, perforés, disposés par groupes séparés, comme dans les *Spatangues*, mais plus petits à la base, seule partie de la face inférieure que j'aie pu observer. Ils sont très-abondants et ne diffèrent pas de ceux des *Spatangues*. Exemplaire incomplet.

Sables tertiaires glauconieux de St-Gervais (Seine-et-Oise). — Très-rare.

XXVe GENRE. — EUPATAGUS. Ag.

Tubercules des interambulacres limités par un fasciole péripétale qui entoure également les pétales ambulacraires. Un fasciole sous-anal très-marqué, entourant l'écusson cordiforme.

63. **Minor.** Ag. — Diamètre antéro-postérieur 32 millimètres, diamètre transverse 31 millimètres, hauteur 15 millimètres. — Test assez épais, de forme elliptique, renflée en dessus, aplatie en dessous. Ambulacres placés dans des sillons plus larges que profonds; les ambulacres pairs antérieurs très-écartés, et presque perpendiculaires aux postérieurs. Ambulacre impair, logé dans un large et profond sillon. Zônes porifères conjuguées, et de moitié

plus larges que les interporifères, qui sont fermées ou presque fermées. Les pores de l'ambulacre impair ne sont apparents sur aucun de mes exemplaires. Sommet génital très-excentrique en avant et montrant ses quatres pores génitaux, qui forment un trapèze plus large que long. Anus elliptique et vertical, entouré, en même temps que l'écusson cordiforme, d'un faciole sous-anal bien distinct. Le fasciole péripétale n'est pas apparent. Les tubercules principaux sont petits, peu nombreux, faiblement scrobiculés, et descendent depuis les angles des interambulacres jusque vers l'ambitus. Le test est couvert, en outre, d'une masse de tubercules miliaires. Bouche excentrique en avant, demi-circulaire et labiée par la saillie de la côte sternale. Quelques rares tubercules se montrent autour de cette ouverture, où viennent aboutir deux larges zônes lisses, correspondant aux deux ambulacres postérieurs et embrassant à demi la côte sternale. Tous les côtés de la face inférieure sont couverts de tubercules saillants et non scrobiculés.

C'est par erreur que, dans le *Catalogue raisonné*, l'original qui a servi à M. Agassiz est indiqué comme provenant de la localité de Vernon ; il n'y a pas d'autre calcaire grossier sur la commune de Vernon que celui de Bizy, et je n'y ai jamais trouvé d'oursins ; il est probable qu'il a été recueilli sur la commune d'Ecos, où cette espèce n'est pas rare et se trouve bien conservée.

XXVIe GENRE.—HEMIASTER. Desor.

Sommet ambulacraire excentrique en arrière et tout-à-fait distinct du sommet dorsal. Ambulacres pairs plus ou moins pétaloïdes, les postérieurs sensiblement plus courts que les antérieurs. Fasciole péripétale anguleux, entourant l'étoile ambulacraire sur la face supérieure. Point de fasciole sous-anal. Diffère des Micraster *par son fasciole péripétale, et des* Brissopsis *par l'absence du fasciole sous-anal.*

64. **Bufo.** Desor.—Diamètre antéro-postérieur 22 millim., transverse 21 millim. hauteur 18 millim. —Petite espèce peu élargie en avant, et si haute en arrière, que la face supérieure forme un plan très-incliné en avant, et que le sommet dorsal, tout-à-fait postérieur, est placé sur la petite carène longitudinale qui coupe par le milieu l'interambulacre impair. Le sommet génital, distinct du sommet dorsal, est très-excentrique en arrière. Ambulacres pétaloïdes ; les pairs postérieurs sont à peu près d'un tiers plus courts que les antérieurs. L'ambulacre impair est logé dans un sillon large et profond, mais qui s'évase et devient plus superficiel à l'ambitus. Zônes porifères et interporifères toujours ouvertes ; zônes interporifères un peu plus larges que les porifères. Pores allongés, mais non conjugués. Facette anale verticale. Anus elliptique, vertical, situé au haut de la facette anale, et rostré par la carène sur-anale. Bouche réniforme, entourée d'un anneau calcaire saillant et excentrique en avant. Tubercules saillants, clair-semés sur mes exemplaires, et pas ou peu scrobiculés.

Craie chloritée : Fourneaux.—Pas très-rare.

65. **Nasutulus.** (*Nobis*). An. *Hemiaster Prunella* ? Desor.—Diamètre antéro-postérieur 13 millim. diamètre transverse 11 millim., hauteur 9 millim.— Il se rapproche un peu de l'*H. Bufo ;* mais ici la taille est beaucoup plus petite, la bouche n'est plus annulaire, et la forme générale est plus globuleuse, sans l'être autant, à beaucoup près, que dans l'*H. Prunella.* La face supérieure est aussi moins déclive en avant ; la facette anale n'est pas uniformément verticale comme dans les deux espèces précitées, mais en forme d'arceau, et coupée longitudinalement par un petit sillon à l'extrémité supérieure duquel est logé l'anus, ce qui le fait paraître très-relevé. Les bords supérieurs de cet organe sont légèrement renflés par l'épanouissement de la carène sur-anale qui forme le sommet dorsal, tandis que le sommet génital est à peu près central. Un fasciole péripétale très-apparent et anguleux entoure les ambulacres dont les postérieurs sont extrêmement courts. Les pores de l'ambulacre impair sont apparents et très-espacés. A l'ambitus, le sillon antérieur est superficiel et très-évasé. Le test est un peu moins large en avant qu'au milieu ; sa face inférieure est beaucoup moins convexe que celle de l'*H. Prunella ;* il est couvert de tubercules distinctement scrobiculés, serrés, non sériés et non saillants.

Craie blanche inférieure : Vernonnet, Petit-Andely.—Rare.

66. **Affinis**, *Nasutulo* (*Nobis*).— An. *H. Minimus*? Desor. — Diamètre antéro-postérieur 15 millim. diamètre transverse 13 millim., hauteur 9 mill.— Cet oursin n'est pas plus petit que l'*H. Prunella*, et l'est dix fois moins que l'*H. Pisum*. Il est très-voisin de l'espèce précédente, dont il diffère par sa bouche réniforme et annulaire, et par ses tubercules principaux, qui sont faiblement scrobiculés, très-saillants à la loupe et au toucher, assez clair-semés, et entremêlés de tubercules miliaires très-abondants. La facette anale m'a paru aussi plus verticale et son sillon plus large, plus évasé. Le centre ambulacraire est un peu excentrique en arrière. Les ambulacres postérieurs sont aussi très-courts, sans l'être tout-à-fait autant que ceux de l'*H. Nasutus*. Comme dans cette dernière espèce, le fasciole péripétale entourant la rosette ambulacraire est très-distinct, et le sillon antérieur est très-superficiel à l'ambitus. Les pores de l'ambulacre impair paraissent remplacés ou précédés, en partant du pourtour, de deux rangées verticales de tubercules ronds et espacés. L'anus est souvent déformé; il m'a paru vertical et un peu elliptique. Le test est très-mince. La face inférieure est peu tuberculeuse, si ce n'est sur la côte sternale, qui s'intercale dans l'angle rentrant formé par les deux larges bandes lisses qui correspondent à la facette anale.

Craie blanche inférieure: Vernonnet, Fourneaux. —Pas très-rare.

67. **Pusillus** (*Nobis*). An. *Hemiaster Pisum* ? Desor. —Diamètre antéro-postérieur 7 millim., diamètre transverse 6 millimètres, hauteur 5 millimètres.— Très-petite espèce, voisine des deux précédentes, à peu près de la grosseur d'un pois, de forme subcylindrique, élargie en avant, allongée en arrière. Facette anale très-déclive, se terminant à son extrémité supérieure par un rostre assez prononcé, formé par la carène sur-anale, et au-dessous duquel se trouve l'anus qui est vertical et un peu elliptique. Sommet dorsal excentrique en arrière et situé sur la carène sur-anale. Les ambulacres et le sillon antérieur sont peu apparents. Bouche labiée, annulaire, et en forme de croissant. Tubercules principaux, saillants et clair-semés ; en revanche, le test est couvert d'une masse de tubercules miliaires.

Craie blanche inférieure : Vernonnet, Giverny. —Rare.

68. **Subglobosus.** Desor.—Diamètre antéro-post. 42 millimètres, diamètre transverse 38 millimètres, hauteur 30 millimètres —Test assez épais, de forme courte et trapue, à ambulacres pétaloïdes, larges et profonds ; les postérieurs sont sensiblement plus courts et moins divergents que les antérieurs. Pores non conjugués. Zônes interporifères de moitié plus larges que les zônes porifères ; les unes et les autres ouvertes. Le sillon de l'ambulacre impair est profond, large et s'étend jusqu'à la bouche, qui est très-excentrique en avant, demi-circulaire, labiée

et entourée de pores buccaux. Anus longitudinal, situé à l'extrémité supérieure de la facette anale. Tubercules saillants, non scrobiculés, très-nombreux sur toute la surface du test, plus gros sur les parois du sillon antérieur et surtout à la face inférieure.

Calcaire grossier : Fours, Civières, Beauregard, près Fontenay.—Assez commune, rarement entière.

69. **? Cosoni** (*Nobis*). Je dédie cette espèce à M. Coson. —Diamètre antéro-postérieur 34 millim., diamètre transverse 26 millim. environ, hauteur 26 millim. —Test assez mince, de forme conique et subcirculaire. Le sillon antérieur, au lieu de s'évaser en descendant, entaille profondément l'ambitus jusqu'à la bouche qui en est à peine séparée. Le sommet ambulacraire est à peu près central et identique avec le sommet dorsal. Ambulacres pétaloïdes, longs, assez étroits, peu déprimés, et quelquefois même costulés. Zônes interporifères presque fermées. Dans mes exemplaires, les interambulacres sont coupés par des sillons verticaux et de petits sillons transverses correspondant aux sutures des plaques coronales. Bouche excentrique en avant, en forme de croissant, labiée et entourée de rangées de pores buccaux. Face inférieure plane. Tubercules principaux peu nombreux à la face supérieure, saillants, gros, scrobiculés, disposés à peu près comme dans les spatangues, plus abondants à la face inférieure, mais à peine scrobiculés.

Calcaire grossier : Fours.—Rare.

70. **Birostratus** (*Nobis*). Diamètre antéro-post. 15 millimètres, diamètre transverse 13 millimètres, hauteur 11 millimètres.—Petite espèce dépourvue de sillon antérieur et très-haute en arrière. La facette anale est très-déprimée entre l'anus et l'extrémité de la côte sternale; il en résulte un rostre sur-anal et un rostre sous-anal très-saillants. Face supérieure déclive en avant. Sommet génital excentrique en avant. Bouche excentrique avant, demi-circulaire et labiée; côte sternale très-accusée. Ambulacres antérieurs très-divergents et assez longs; les postérieurs sont recouverts et les tubercules sont effacés. Cette espèce offre quelques analogies de taille et de forme avec l'*H. Cultratus* Desor, dont elle diffère par plusieurs caractères, entre autres, par l'absence du sillon antérieur à l'ambitus.

Calcaire grossier : Fours.—Très-rare.

71. **Orbicularis** (*Nobis*).—Espèce à ambitus subcirculaire, le côté antérieur n'étant pas beaucoup plus élargi que le postérieur. Sommet génital excentrique en avant. Ambulacres antérieurs un peu plus longs et divergents que les postérieurs. Zônes porifères à peu près aussi larges que les interporifères. La face supérieure du test est couverte de tubercules très-serrés, saillants, plus gros dans les dépressions ambulacraires et à la face inférieure qu'à la face supérieure. L'exemplaire est mal conservé, il pourrait bien n'être qu'un *H. Subglobosus* déformé.

Calcaire grossier : Fours.

72. **Passysianus** (*Nobis*) Je dédie cette espèce à M. Antoine Passy.—Diamètre antéro-postérieur 15 millim., diamètre transverse 15 millim., hauteur 11 millim.—Jolie petite espèce, de forme trapue, haute, à flancs légèrement arrondis, régulièrement échancrée en avant par un large et profond sillon qui suffirait pour la distinguer de l'*H. Birostratus*. Ambulacres enfoncés, plus larges et plus divergents par devant que par derrière. Sommet génital excentrique en avant, et sur un plan très incliné. Sommet dorsal un peu excentrique en arrière. Anus grand, elliptique et vertical. Carène sur-anale bien accusée. Facette anale verticale. Bouche excentrique en avant, en forme de croissant, labiée, contiguë à l'extrémité inférieure du sillon antérieur. Face inférieure tantôt plate, et tantôt un peu convexe. Les tubercules sont effacés.

Calcaire grossier : Vely, Fontenay, Auteverne. —Rare.

XXVIIe GENRE.—MICRASTER. AGAS.

Il ressemble beaucoup au genre Hemiaster, *dont il diffère par sa forme moins renflée, et essentiellement par l'absence du fasciole péripétale et la présence d'un fasciole sous-anal.*

73. **Acutus.** Agas —Diamètre antéro-postérieur 55 millim., diamètre transverse 48 millim., hauteur 35 millim.—Test mince, de forme allongée, subcylindrique, avec un rostre sous-anal extrêmement saillant. Le plan de la facette anale s'incline vers l'anus. Sommet dorsal situé au-dessus de l'anus, sur

la carène sur-anale et distinct du sommet génital qui est à peu près central. Ambulacres déprimés, plus longs et plus divergents par devant que par derrière, composés de pores très-allongés, sinon conjugués, et de zônes interporifères plus larges que les zônes porifères. Bouche excentrique en avant, située aux deux tiers de la face inférieure, labiée, à rebords légèrement renflés, circonscrits par un petit sillon et entourée des tronçons ambulacraires qui forment la rosette péristomale. Anus grand, elliptique, vertical, placé à l'extrémité supérieure de la facette anale. Point de fasciole sous-anal. A la face inférieure, la côte sternale s'intercale entre deux larges bandes lisses. Tubercules saillants, mamelonnés, non scrobiculés, moins gros à la face supérieure qu'à la face inférieure.

Craie chloritée : Fourneaux.—Rare.

74. **Cor-Anguinum**. Agas.— Diamètre antéro-postérieur 52 millimètres, diamètre transverse 51 millimètres, hauteur 34 millimètres.—Test assez épais, cordiforme, bien plus large en avant qu'en arrière. Diamètre transverse tout-à-fait antérieur, aux deux tiers du test. Facette anale verticale, beaucoup moins élevée que le sommet dorsal. Carène sur-anale sur un plan incliné en arrière. Centre ambulacraire à peu près médian, situé dans une dépression qui résulte de la saillie des angles des interambulacres, et, à cause de cela, distinct du sommet dorsal qui est un peu excentrique, tantôt en avant, tantôt en arrière, selon que les angles des

interambulacres sont plus ou moins renflés que l'extrémité supérieure de la carène sur-anale. Sillons ambulacraires profonds et évasés Ambulacres antérieurs plus longs que les postérieurs. Zônes porifères plus étroites que les interporifères, et à pores réunis par des sillons transverses qui coupent aussi la zône interporifère. Les deux zônes sont fermées au centre ambulacraire et ouvertes à l'autre extrémité. Tubercules non sériés, nettement scrobiculés, beaucoup plus développés par-dessous le test que par-dessus, formant pourtant une rangée régulière dans chaque zône porifère du sillon antérieur. Tubercules miliaires nombreux et d'une finesse extrême. Fasciole sous-anal très-distinct. Point de bandes lisses autour de la côte sternale. Bouche fortement labiée. Anus longitudinal, elliptique, placé à l'extrémité supérieure de la facette anale. Trapèze génital plus étroit par devant que par derrière.

Craie blanche : Vernonnet, Giverny, Petit-Andely, Evreux.—Abondante et conservée.

Cette espèce offre trois variétés constantes qui se rencontrent dans le département.

Var. Major : Micraster Arenatus Agassiz. Se fait remarquer par la forme conique de sa face supérieure aussi déprimée par derrière que par devant, par ses ambulacres à fleur de test et par l'élévation du sommet ambulacraire, qui est central et identique avec le sommet dorsal.

Craie blanche : Giverny, Petit-Andely, Vernonnet.—Et pour les moules intérieurs, Galets de Venon, sur la route de Louviers à Neubourg.

Var. Latus : Micraster Cor-Testudinarium. Ag. Contraste avec la précédente par l'aplatissement de sa face supérieure, ses ambulacres courts, élargis et déprimés, son anus surmonté d'un rostre très-saillant, et l'inégalité de son sillon antérieur beaucoup plus profond au pourtour et sous l'ambitus qu'à la face supérieure.

Je ne possède de cette variété que des moules intérieurs, provenant des galets d'Ailly, canton de Gaillon.

Var. Elongata.—Moins renflée en avant et plus allongée en arrière, elle semble former le passage de l'espèce aux *Micraster Breviporus* et *Tropidotus*.

Craie blanche : Vernonnet.

75. **Distinctus**. Agas.—Diamètre antéro-postérieur 58 millim. diamètre transverse 58 millim., hauteur 38 mill —Forme intermédiaire entre le *M. Acutus* et le *M. Cor-Anguinum;* elle a les tubercules saillants et non scrobiculés du premier, et l'élargissement antérieur du second. La facette anale est grande et verticale ; le plus grand diamètre transverse coupe obliquement par le milieu les deux ambulacres pairs antérieurs. Sommet ambulacraire excentrique en arrière ; sommet dorsal plus postérieur encore. Ambulacres pétaloïdes, logés dans des sillons profonds ; les antérieurs sont de moitié plus longs que les postérieurs. Pores très-allongés, mais

non conjugués. Zônes interporifères beaucoup plus larges que les porifères. Tubercules épars, formant pourtant une série régulière dans chaque zône porifère de l'ambulacre impair. Lorsque les tubercules sont effacés, on ne saurait encore le confondre avec le *M. Cor-Anguinum*, dont les ambulacres sont moins inégaux et surtout moins enfoncés, la facette anale moins haute, plus étroite, le sommet plus central et les pores conjugués. L'exemplaire que je viens de décrire a été recueilli dans la craie chloritée de Rouen, et l'on doit s'attendre à le rencontrer dans le département.

76. **Tropidotus ?** Agas. — Diamètre antéro-post. 47 millimètres, diamètre transverse 43 millimètres, hauteur 31 millimètres. — Test de forme allongée, un peu aplatie à la face supérieure, et renflée à la face inférieure. Diamètre transversal tout-à-fait antérieur. Sommet génital à peu près central; sommet dorsal un peu excentrique en arrière et placé sur le haut de la carène sur-anale. Fasciole de la côte sternale très-apparent, et borné à la partie postérieure par le fasciole sous-anal. Cet oursin ne m'a paru différer du *Micraster Cor-Anguinum Var. Elongata,* que par les pores des ambulacres qui ne sont pas conjugués.

Craie blanche : Environs de Louviers.

77. **Toxasteroides** (*Nobis*). An. *Micraster Breviporus*? Agassiz. — Diamètre antéro-postérieur..... diamètre transverse 37 millim., hauteur 25 millim. Test mince, de forme allongée, à dos élevé. Le

diamètre transverse est très-antérieur, et correspond à la bouche. Sommet dorsal identique au sommet génital et central. Dépressions ambulacraires étroites, sans être profondes, et plus divergentes en avant qu'en arrière. Pores très-petits, non-conjugués. Zônes pétaloïdes fermées au centre ambulacraire. Zônes porifères très-étroites ; interporifères, deux fois plus larges. Tubercules miliaires très-abondants à la face supérieure et d'une extrême finesse. Tubercules principaux saillants, non-scrobiculés, beaucoup plus fins sur les interambulacres postérieurs que sur les antérieurs et à la face inférieure. Mon exemplaire est incomplet ; dans un autre que je crois être de la même espèce, quoique les tubercules soient nettement scrobiculés à la face inférieure, les zônes interporifères, mieux conservées, offrent, en outre des caractères indiqués ci-dessus, celui d'être distinctement en § très-ouvert. Dans les ambulacres postérieurs, ce sont les deux rangées externes de pores qui s'arrondissent et s'arquent sur les rangées internes, et les deux angles formés par leur jonction, au centre ambulacraire, sont contigus à leur sommet ; disposition qui rappelle celle des ambulacres antérieurs des *Toxaster*, et que je note ici parce qu'elle m'a paru plus prononcée dans le *Micraster Toxastéroides* que dans aucune autre espèce de ce genre. Les fascioles sternale et sous-anal sont bien apparents. La lèvre buccale est mince et un peu allongée.

Craie blanche inférieure : Vernonnet. — Très-rare.

78. **Subconicus** (*Nobis*).—*An Micraster Brevis*? Desor.—*Gibbus* Agas. *Catal. Syst.*—Diam. antéro-postérieur 50 millim., diam. transverse 46 millim., hauteur 35 millim.—Espèce cordiforme, à sommet subturrité, plus large par le milieu qu'en avant, et, par conséquent, à pourtour subcirculaire. Elle ressemble au *Micraster Cordatus* Agas. ; mais celui-ci est plus pyramidal et ses pétales se déploient sur un plan beaucoup plus incliné. Elle se rapproche aussi du *M. Brevis* Desor ; mais elle est plus élevée, et son sommet ambulacraire, au lieu d'être excentrique en arrière comme dans cette dernière espèce, est plutôt central ou excentrique en avant. Le sommet dorsal se confond avec le sommet génital. C'est un moule intérieur qui provient des galets de la cour de M. du Hazai, entre Louviers et Pinterville, sur le chemin d'Evreux.

79. **Brevior** (*Nobis*).—Diam. antéro-postérieur 28 millim., diam. transverse 27 millim., hauteur 18 millim.—Autre moule beaucoup plus court et plus dilaté que le *Micraster Brevis* Desor. Sa face supérieure surbaissée et légèrement aplatie, et sa face postérieure arrondie, rappellent la forme de certains *Nucleolites*, et particulièrement celle du *N. Scutatus*. Sommet dorsal distinct du sommet génital, et excentrique en arrière. Zônes porifères plus larges que les interporifères.

Galets de Pressagny, près Vernon.

80. **Semiglobus** (*Nobis*) —Diam. antéro-postérieur 46 millim., diam. transverse 44 millim. environ, hauteur 36 millim.—Forme globuleuse, presque aussi dilatée en arrière qu'en avant, et à sommet subturrité. Les flancs sont renflés et laissent peu de place à la face supérieure proprement dite. La facette anale s'arrondit et n'offre qu'une légère dépression à sa partie inférieure. Le plus grand diamètre transversal correspond au sommet dorsal qui est excentrique en arrière et identique avec le sommet génital. Face inférieure légèrement renflée. Pores conjugués. Zônes porifères et interporifères des ambulacres pairs égales, et fermées par le haut. Sillon antérieur entaillant largement l'ambitus. Cette espèce ne m'est connue que par un moule intérieur provenant des galets de Venon, près Quatremare.

† *Ambulacres non-pétaloïdes, simples, disjoints et convergeant ou non vers un seul centre.*

XXVIIIe GENRE.—HOLASTER. Agas.

Test cordiforme. Face supérieure unie, sans autre ondulation que celle du sillon dorsal. Ambulacres simples, peu courbés en forme de §, disjoints, les trois antérieurs étant un peu éloignés des deux postérieurs, quoiqu'ils convergent tous à peu près vers un seul point du centre ambulacraire. Appareil génital allongé dans le sens du diamètre antéro-postérieur, par suite de la position des plaques ocellaires antérieures qui se placent entre les plaquos génitales sur la même ligne, au lieu de s'intercaler à l'extérieur dans les angles formés par la jonction des quatre plaques génitales.

81. **Suborbicularis**. Agassiz.—Forme allongée, à ambitus subcirculaire, pas plus haute au milieu que sur les côtés ; les ambulacres antérieurs sont élégamment arqués, et les deux zônes porifères antérieures externes sont sensiblement moins larges que les deux internes. Les tubercules ne paraissent pas scrobiculés ; seulement, à la face inférieure, les zônes lisses et superficielles qui les entourent sont limitées par de fines granulations. Cette espèce est très-voisine de l'*H. Lævis* Agas. mais celui-ci est plus élevé et moins uniformément aplati à la face supérieure. Il est aussi moins étroit du côté postérieur, et son ambitus est plutôt ovale que subcirculaire.

Craie chloritée : Fourneaux, la Madeleine.— Commune.

82. **Cordiformis** (*Nobis*).—Diam. antéro-postérieur 66 millim., diam. transverse 59 millim., hauteur 44 millim.—C'est un grand moule intérieur, renflé, subcylindrique, tout à fait cordiforme, plus élevé du sommet ambulacraire que des côtés, convexe aux deux faces, à ambulacres droits et un peu plus divergents par devant que par derrière. Les branches des ambulacres ne sont pas plus étroites les unes que les autres. Le sommet ambulacraire et dorsal est un peu excentrique en avant, au lieu d'être médian, comme dans l'espèce précédente. Le sillon antérieur échancre profondément l'ambitus, caractère qui distingue cette espèce de l'*H. Cor-Avium* Agas. La face postérieure étant très-anguleuse à sa

partie supérieure, l'anus est plus inférieur que dans la plupart des autres espèces, et sa facette est toute sous-anale et assez courte. La face inférieure est convexe.

Galets des environs de Louviers.—Rare.

83. **Subglobosus** Agas. Echin. Suis. 1. p. 13, tab. 2, fig. 7-9.

Craie chloritée : Fourneaux, la Madeleine.—Assez commun.

84. **Bisulcatus.** Gras. *Descript. des Ours. foss. du département de l'Isère.*—An *H. Carinatus* ? Agas. et Desor, *Cat. raisonné* 1 *C.* (*Holaster Nodulosus* Agas. *Cat. Syst. p.* 1).—Diam. antéro-post. 84 millim., diam. transverse 47 millim., hauteur 26 millim.—Test mince, peu élevé, de forme subcirculaire, déprimée en dessous, de chaque côté de la côte sternale, et en dessus, de chaque côté de la carène dorsale, qui est bien accusée et se prolonge jusqu'au centre ambulacraire. Diamètre transversal très-antérieur et assez près du sommet dorsal, qui est plus antérieur encore et se trouve sur les rebords que forme, à son origine, le sillon antérieur. Ambulacres droits, plus divergents par devant que par derrière. Un sillon sous-anal large et profond. Tubercules saillants, non scrobiculés.

Craie chloritée : la Madeleine.—Très-rare.

85. **Placenta ?** Agas.—Diamètre antéro-postérieur 94 millim., diam. transv. 82 millim., hauteur.....—Très-grande espèce, allongée en arrière, ayant l'ambitus circulaire en avant. Test très-mince. Le

pourtour n'est pas échancré par un sillon antérieur dont il n'offre aucune trace. La face inférieure paraît plate ; la bouche, très-excentrique en avant, est large, réniforme, entourée d'une large étoile de pores buccaux. La côte sternale est un peu saillante et resserrée entre deux larges bandes lisses, couvertes de tubercules miliaires très-fins. Les tubercules principaux sont gros, saillants, mamelonnés, non-scrobiculés, mais seulement entourés d'une zône lisse, circonscrite par des cercles de tubercules miliaires ; cette disposition des tubercules principaux s'observe à la face inférieure et à l'ambitus. La face supérieure est très-déformée, et n'existe presque plus qu'à l'état de moule intérieur. On y voit seulement que les ambulacres n'ont rien de pétaloïde, qu'ils sont peu disjoints, mais beaucoup plus divergents par devant que par derrière.

Craie blanche : Vernonnet.—Très-rare.

86. **Vernonnettensis** (*Nobis*). — Diam. antéro-postérieur 41 millim., diam. transverse 38 millim., hauteur 34 millim.—Test très-mince, ovoïde, presque aussi haut que large, plus élevé en avant qu'en arrière. Sommet dorsal placé sur le bord antérieur. Sommet ambulacraire presque aussi excentrique en avant que le sommet dorsal. Ambulacres antérieurs largement arqués. Zônes porifères antérieures internes plus larges que les externes. Sillon antérieur large et devenant plus profond à l'ambitus. Facette anale verticale. Anus ovale et

vertical. Face inférieure légèrement convexe. Tubercules saillants, fins, non-scrobiculés, clair-semés, un peu plus gros à la face inférieure qu'à la face supérieure. Tubercules miliaires très-abondants. Bouche très-excentrique en avant. Ambulacres très-disjoints, droits, plus divergents en avant qu'en arrière. Pores allongés. Zônes porifères plus égales par derrière que par devant. Côte sternale étroite et resserrée entre deux bandes lisses.

Craie blanche : Vernonnet.—Rare.

87. **Pillula**. Agas. et Desor. *Catal. raisonné*. 1 *C*.— Petite espèce de forme ovoïde, haute, et quelquefois subturritée. Sommet dorsal médian. Ambulacres antérieurs légèrement arqués. Face inférieure convexe ou légèrement déprimée de chaque côté de la côte sternale. Sillon antérieur très-bas. Anus grand proportionnellement au test, presque rond et rostré. Facette sous-anale verticale. Bouche arrondie par le relèvement du bord de la côte sternale. Tubercules miliaires beaucoup plus nombreux et plus serrés que les principaux.

Craie blanche : Venables, Civières, Louviers.— Commune.—Les moules intérieurs proviennent des galets de Louviers et de Surville.

88. **Cretaceus** (*Nobis*). An *H. Bicarinatus*? Agas.— Diam. antéro-postérieur 45 millim., diam transv. 44 millim. environ, hauteur 26 millim.—Test mince, de forme allongée en angle aigu en arrière, et très-dilatée en avant. Le diamètre transverse

correspond au sillon antérieur, dont les côtés sont très-relevés. Carène sur-anale peu saillante. Ambulacres peu disjoints au sommet, presque contigus. Sommet génital excentrique en avant ; sommet dorsal excentrique en arrière. Ambulacres antérieurs pairs sémi-pétaloïdes. Pores allongés. Zônes porifères internes des ambulacres pairs antérieurs, et zônes porifères externes des ambulacres postérieurs beaucoup plus larges que les autres, et pétaloïdes à la face supérieure. Anus très-haut, vertical, grand, elliptique. Facette anale verticale, un peu déprimée au-dessous de l'anus. Face inférieure plus ou moins convexe. Tubercules saillants, non scrobiculés, épars, excepté pourtant dans le sillon antérieur, où ils paraissent former quelques séries verticales assez suivies. Tubercules miliaires très-abondants et très-fins.

Craie blanche : Vernonnet.—Rare.

XXIXe GENRE.—ANANCHITES. Lamk.

Test élevé, bombé ou conique. Point de sillon dorsal ni de facette anale. Centre ambulacraire identique avec le sommet dorsal. Ambulacres simples, plus ou moins effacés ou interrompus avant d'arriver à l'ambitus, disjoints à leur sommet, mais convergeant à peu près vers un seul centre ambulacraire. Tubercules épars. Pas de fascioles. Appareil oviducal disposé comme dans les Holaster.

89. **Ovata** Lamk.—Diam. antéro-postérieur 65 mill., diam. transverse 50 millim., hauteur 45 millim.— Test de forme allongée, ovale, à base rétrécie uniformément de tous côtés, et à face inférieure

étroite; sommet dorsal central. Appareil génital très-étendu. Zônes interporifères très-larges et toutes égales. Carène sur-anale plus ou moins accusée. Anus elliptique, longitudinal, infra-marginal. Côte sternale relevée autour de l'anus, d'où partent deux bandes lisses, séparées par la côte sternale, et allant correspondre aux ambulacres postérieurs. Tubercules non-scrobiculés, épars, rares à la face supérieure, mais entourés de granulations abondantes.

Craie blanche . Vernonnet.—Les moules intérieurs de cette espèce sont souvent bien conservés dans les galets de Surville et de Venon.

90. **Gibba** Lamk.—*Ananchytes Striata* : Var. *Subglobosa* Goldf. (non Lamk) petref. p. 146, tab. 44, fig. 3.— Diam. antéro-post. 80 millim., diam. transverse 62 millim., hauteur 65 millim.—Très-grande espèce, toujours beaucoup plus haute que la précédente, à pourtour elliptique ou subpentagonal, à face inférieure plane et quelquefois rétrécie, et à sommet un peu aplati. Ambulacres souvent très-disjoints, et toujours moins larges que ceux de l'*Ananchytes Ovata*. Tubercules saillants et non scrobiculés, si ce n'est autour de la bouche, comme chez l'espèce précédente.

Craie blanche : Pinterville, la Villette, près Louviers, Andé.—Assez rare.

91. **Eudesii** (*Nobis*).—Je dédie cet oursin à M. Eudes Deslonchamps.—Diam. antéro-postérieur 79 mill., diam. transverse 67 millim., hauteur 58 millim.—

Grande espèce, subpentagonale, élevée, un peu aplatie à la face supérieure, et se rapprochant beaucoup par la forme générale de l'*A. Gibba* ; mais outre que l'appareil ovidical est plus saillant, les paires de plaques dont il se compose sont établies sur des lignes tellement obliques, que la correspondance des pores génitaux et le parallélisme des ambulacres, à leur sommet, en sont notablement dérangés : ainsi, les pores génitaux et les quatre ambulacres pairs sont eux-mêmes placés très-obliquement. Il résulte de ce dérangement que le sommet de l'ambulacre impair est beaucoup plus distant des ambulacres pairs d'un côté que des ambulacres pairs de l'autre. Je dois noter aussi que les zônes porifères des ambulacres postérieurs, au lieu de s'arquer l'une sur l'autre, ou de descendre en droite ligne, en partant du sommet génital, dessinent dans le même sens une courbe très-caractérisée. La carène sur-anale est peu sensible. L'anus est infra-marginal, obtusément elliptique et presque rond ; la côte sternale est relevée auprès de cette ouverture, mais la face inférieure du test est plate et circonscrite par un ambitus subpentagonal. Les tubercules principaux paraissent moins clair-semés, et plus saillants que dans les espèces précédentes.

Craie blanche : St-Etienne-du-Vauvrai, près Louviers. — Très-rare.

92. **Striata ?** Lamk. — Diam. antéro-postérieur 50 millim., diam. transverse 50 millim., hauteur 43 millim. — Forme hémisphérique, assez haute, à face

inférieure plate, mais un peu rétrécie. Anus à peu près infra-marginal, elliptique, produisant une légère dépression sur le bord de la côte sternale. L'appareil génital est étroit et circonscrit par un petit sillon en forme d'anneau oblong. Les plaques en sont petites. Tubercules principaux très-clair-semés et saillants. Tubercules miliaires moins abondants que dans les espèces précédentes.

Craie blanche : Vernonnet.

Var. Conoidea (*Ananchytes Conoidea* Goldf).— Forme haute, renflée, à sommet conoïdal, à face inférieure large et plate et à ambitus elliptique. L'anus est infra-marginal, et empiète sur la côte sternale, qui est déprimée dans son voisinage et moins longue que chez d'autres espèces. Les plaques de l'appareil génital sont petites ; les ocellaires et les ambulacres sont peu disjoints. Ce test provient de la craie de Port-Marly. D'autres exemplaires, recueillis dans le département de l'Eure, ont été également rapportés, par M. Michelin, à cette variété, quoique l'anus y soit marginal, et en partie visible d'en haut.

Craie blanche : Vernonnet.

Var. Elato-Depressa Grat.—Forme très-élevée, subconique et déprimée au côté postérieur de la face supérieure, en sorte qu'une portion de l'appareil oviducal se trouve placée sur un plan incliné. Ambulacres peu disjoints. Face inférieure plate. Je ne possède de cette variété que des moules intérieurs, provenant des galets d'Ailly, canton de Gaillon.

Var. Carinata (*Ananchytes Carinata* Defrance).— Ne diffère de la précédente qu'en ce que le côté postérieur est aussi élevé que le côté antérieur et muni d'une carène verticale tranchante, qui y maintient l'appareil génital au même niveau que des autres côtés. Face inférieure large et plate.

Craie blanche : Giverny, Vernonnet.—Les moules intérieurs ne sont pas rares dans la commune d'Ailly.

93. **Gravesii** Desor.—Espèce à sommet subconique, tantôt assez élevée, tantôt très-basse, élargie par les flancs, et se rétrécissant ensuite rapidement jusqu'à la base, dont le diamètre est souvent de moitié moindre que celui de la plus grande largeur du test. Les pores génitaux placés sur une ligne oblique ; les postérieurs beaucoup plus écartés que les antérieurs. Anus elliptique et infra-marginal. Surface inférieure plane. Côte sternale ordinairement très-saillante. Tubercules saillants, nombreux, non scrobiculés.

Craie blanche : Vernonnet, Bois-Jérôme.—N'est pas très-rare.—J'ai recueilli plusieurs moules intérieurs de cette espèce dans les environs de Louviers.

94. **Conica** Agas.–Se distingue par sa forme conique et turritée. Le plus grand diam. transverse est à l'ambitus, qui est tantôt subcirculaire et tantôt subpentagonal. Carène sur–anale aiguë ; face infé–

rieure large et plane. Anus infra-marginal et quelquefois marginal. Tubercules principaux très-clair-semés, même à la face inférieure.

Craie blanche : Petit-Andely, Tourny — Les moules interieurs de cette espèce sont communs autour de Louviers et dans la commune d'Ailly.

95. **Semiglobus** Lamk. (*Ananchytes Corculum* Lamk. Goldf). — Cet oursin ressemble au précédent par sa large base, la position et la forme de l'anus et de la bouche, la saillie de la carène sur-anale. Seulement il est moins haut ; sa face supérieure est plus allongée, son ambitus plus ovale et ses flancs plus dilatés.

Craie blanche : Bois-Jérôme, Giverny, Andé. — Les moules intérieurs proviennent de la commune d'Ailly.

ADDITA.

96. **Cidaris Scrobe-Carens** (*Nobis*). — Je ne possède de cette espèce qu'une plaquette. Elle n'a point de scrobicule proprement dit ; la partie la plus inférieure de la zône lisse étant de niveau avec l'entre-deux des tubercules granuloïdes du cercle scrobiculaire. Les tubercules principaux sont très-larges à leur base, élevés, presque droits, et leur mamelon est gros, rond et perforé ; ils sont assez espacés dans la même rangée, et séparés non-seulement par deux cercles granuloïdes complets, mais

encore par d'autres granules plus fins, formant une rangée entre les deux cercles. Les granules du cercle scrobiculaire sont beaucoup plus apparents que ceux des espaces intermédiaires ; ils sont réguliers, assez espacés, à base large, arrondie, surmontée d'un mamelon très-distinct. Cette espèce provient du même terrain que les *Cid. Distincta* (*Nobis*) et *Forchhammeri* Desor ; elle diffère de l'un et de l'autre par ses gros tubercules non scrobiculés, leurs zônes lisses rondes, et la régularité des tubercules granuloïdes des cercles scrobiculaires.

Calcaire pisolithique : Montainville.

97. **Propinqua** (Scœptrifera) ? *Nobis.*—La craie chloritée de Fourneaux m'a montré un cidaris distinct de celui que j'ai décrit plus haut sous le nom de *C. Vesiculosa* ? Goldf., mais fort analogue au *C. Scœptrifera* ? de la craie blanche de Vernonnet et du Petit-Andely.—Diam. 33 millim. environ, hauteur 22 millim.—Cinq tubercules à la rangée, plus ou moins avortés au sommet, perforés et souvent subcrénelés du côté de leur base qui regarde l'appareil oviducal.—Scrobicules assez profonds, ronds, entourés d'un cercle de granules assez espacés, mamelonnés, plus saillants que ceux des zônes intermédiaires, mais pas beaucoup plus apparents. Ces cercles sont très-espacés à la face supérieure, contigus en approchant de la base, et réunis en un seul, entre les derniers tubercules autour de la bouche. Les espaces intermédiaires sont larges, déprimés, divisés par une ligne en zig-zag corres-

pondant aux sutures des plaques coronales, et semés de granulations serrées, plus ou moins rondes et non mamelonnées. Ambulacres flexueux. Zône interporifère concave, occupée par six rangées verticales de tubercules granuloïdes, assez serrés, assez uniformes et moins forts que ceux des interambulacres. Les tubercules des deux séries externes sont mamelonnés.

J'ai dit que cette espèce ressemblait beaucoup au *C. Scœptrifera* ? dont on a vu la description plus haut. Il y a cependant des différences : chez le *C. Scœptrifera*, les granules des espaces intermédiaires sont un peu plus saillants, un peu plus fins et souvent mamelonnés ; ses plaques coronales sont sensiblement plus allongées transversalement ; ses scrobicules, au lieu d'être exactement ronds, ont une tendance plus ou moins marquée à devenir elliptiques. Enfin, je n'ai jamais vu de traces de crénelures autour des tubercules de l'espèce de la craie blanche.

Craie chloritée : Fourneaux.—Rare.

Cyphosoma Subradiatum. *C. Radiatum* (*Nobis*), p. 28.—Je reviens à cette espèce, pour en changer le nom et corriger quelques erreurs qui me sont échappées dans la description que j'en ai faite, d'après des exemplaires qui n'étaient pas assez bien conservés.—Test très-mince, circulaire, aplati à la face supérieure, concave autour de la bouche. Tubercules de grosseur médiocre, crénelés, imperforés, parfaitement égaux dans les deux aires, beaucoup plus petits sur les deux faces qu'à l'ambitus, et entourés partout d'un cercle plus ou moins complet de granules assez fins. De petites lignes en creux, partant de la base des tubercules, s'étendent jusqu'aux cercles scrobiculaires, et donnent aux scrobicules un aspect rayonné assez caractéristique. A la face inférieure, chaque aire interambulacraire est ornée de deux petites séries externes de tubercules secondaires très-fins, qui s'étendent jusqu'à la bouche. Les zônes porifères sont très-flexeuses. Les entailles buccales, au lieu d'être moins espacées sur l'aire interambulacraire que sur l'autre aire, comme je l'ai dit dans ma première description, sont au contraire très-rapprochées et à peine visibles à l'œil nu, en regard de l'aire ambulacraire.

98. **Propinquissimum** (*Nobis*).—Diam. 24 mill., hauteur 7 millim.—Cette espèce ne se distingue de la précédente que par le dédoublement des pores autour de la bouche et de l'appareil oviducal, et par l'absence d'impressions rayonnées à la base des tubercules. D'une autre part, elle diffère du *C. Ornatissimum* ? en ce que, chez ce dernier, les tubercules sont beaucoup plus forts et leurs bases souvent contiguës dans la même rangée. En outre, les pores n'y sont pas seulement redoublés autour des deux ouvertures, mais aussi sur toute l'étendue de la face supérieure.

Craie marneuse : Fourneaux.

99. **Discoidea Reticulata** (*Nobis*).— Diam. 9 mill., hauteur 6 mill.—Forme hémisphérique ;

ambitus circulaire ; face inférieure plate ; bouche grande ; ouverture anale, infra-marginale et largement pyriforme. La largeur des aires interambulacraires est à celle des aires ambulacraires comme 3 à 1. On remarque sur chaque aire interambulacraire deux carènes, qui s'étendent de la bouche au sommet. Les zônes interporifères sont mises en relief par la dépression des lignes porifères. Les aires ambulacraires offrent quatre rangées verticales de tubercules ; les deux internes disparaissent au-dessus de l'ambitus, et les externes se poursuivent jusqu'au sommet. Les tubercules des aires interambulacraires forment six rangées continues : deux principales, placées sur les carènes des aires, et quatre que l'on peut appeler secondaires, parce qu'elles se composent de tubercules plus petits ; celles-ci occupent les côtés de l'aire et l'espace intermédiaire entre les deux rangées principales. Tous ces tubercules sont sensiblement moins gros sur les deux faces du test qu'à l'ambitus ; on voit aussi que, dans ce dernier endroit, l'ordre sérial des tubercules de l'ambulacre se dément, tandis qu'il est partout constant dans l'interambulacre. La disposition des tubercules miliaires est remarquable et forme le caractère distinctif de cette espèce. Ceux de l'aire ambulacraire forment de petites séries plus ou moins horizontales, assez espacées, qui paraissent ordinairement interrompues au milieu par une petite ligne verticale, partageant l'aire en deux portions égales. Dans l'aire interambulacraire, en dehors des tubercules principaux, les tubercules miliaires observent encore la disposition horizontale; mais entre les deux séries principales les lignes miliaires changent tout-à-coup de direction ; elles vont alternativement d'une rangée principale à l'autre, comme pour amarrer successivement leur cordon perlé à tous les tubercules principaux des deux rangées, et comme ces derniers ne se correspondent pas au même niveau, d'une rangée à l'autre, il en résulte que les tubercules miliaires sont obligés de suivre une ligne en zig-zag, d'autant plus apparente que leur série oblique est ici formée de deux cordons parallèles, serrés, qui s'écartent et se rapprochent ensemble. Je n'ai jamais observé cette disposition dans le *D. Minima*, quoique je l'y aie cherchée sur un grand nombre d'individus bien conservés et très-développés. Au reste, ce caractère n'est pas le seul qui distingue le *D. Reticulata* du *D. Minima*. Dans le premier, les tubercules, tant principaux que miliaires, sont plus forts et plus apparents; les ouvertures anale et buccale sont aussi un peu plus grandes. Le *D. Reticulata* est plat à la face inférieure, tandis que le *D. Minima* est ordinairement un peu convexe autour de la bouche. L'ambitus du *D. Reticulata* est circulaire, celui du *D. Minima* est toujours plus ou moins subpentagonal. La forme du premier est plus hémisphérique, et celle du second plus conique ou plus turritée.

Craie : Rouen.

100. **Hemisphœrica** (*Nobis*).—Diam 31 millim., hauteur 12 millim.—Forme hémisphérique ; ambitus parfaitement circulaire ; face inférieure concave; bouche très-grande ; anus elliptique, placé entre la bouche et le bord postérieur. A la face supérieure, chaque aire est divisée en deux parties égales par un sillon vertical évasé. Sur mon exemplaire, le milieu du sillon est indiqué par une ligne sinueuse, correspondant aux sutures des plaques coronales. La largeur d'une aire ambulacraire, prise à l'ambitus, est à celle d'une aire interambulacraire exactement comme 1 à 3. A la face inférieure, les côtés des interambulacres s'enfoncent dans des sillons assez profonds qui aboutissent à la bouche, comme cela s'observe également chez le *D. Cylindrica*. Les tubercules principaux des deux aires sont à peu près égaux à l'ambitus et à la base du test; mais en descendant vers la bouche, ceux de l'aire ambulacraire se rapetissent brusquement, tandis que ceux de l'autre aire deviennent au contraire plus larges à leur base. Tous sont saillants, mamelonnés, scrobiculés, et paraissent entourés de tubercules miliaires. Leurs séries sont verticales ; dans l'interambulacre on en compte deux depuis la bouche jusqu'au milieu de l'espace intermédiaire entre cet organe et le bord, et dix à la base; plus haut, ils sont effacés sur mon exemplaire. Ceux de l'aire ambulacraire offrent quatre rangées continues, seulement leur parallélisme se dérange à l'ambitus et à la base. Dans les deux aires, les tubercules miliaires paraissent épars ou disposés en cercles autour des principaux.

Cette espèce se rapproche des *D. Favrina, Rotula* et *Cylindrica*. Elle diffère du *D. Cylindrica* par sa forme plus hémisphérique et par la grosseur et l'inégalité de ses tubercules principaux, du moins à la face inférieure. On ne saurait la confondre avec le *D. Rotula*, dont les tubercules miliaires sont sériés horizontalement. Enfin, j'ai dû la distinguer aussi du *D. Favrina*, de Rouen, parce que cette dernière espèce, d'après la description de M. Desor (*Monog. des Galer.* p. 62), a ses tubercules principaux disposés en séries horizontales à la face inférieure.

Craie chloritée : Fourneaux.—Très-rare.

101. **Galerites Oblongus?** Desor.—Espèce moins élevée encore que le *G. Castanea*, un peu allongée, à ambitus circulaire, ayant son anus marginal (*moule*).

Galets des environs de Louviers.

102. **Abbreviata** Lamk.—Desor. Monog. des Galer. p. 20, tab. 3, fig. 9–17.

Craie blanche : Petit-Andely.—Rare.

103. **Mixta?** Defrance.—Agas. et Desor, *Cat. raisonné*. 1. C.—Diam. antéro-postérieur 38 millim., largeur 35 millim., hauteur environ 30 millim.—Espèce de forme conique, à ambitus circulaire, mais plus élevée et moins hémisphérique que la précédente. Anus marginal et elliptique.

Craie blanche : Petit-Andely.

104. **Cidaris Michaelis** (*Nobis*). C'est avec plaisir que je dédie cette espèce à M. Paul Michel qui me l'a procurée, et qui emploie ses moments de loisir à

recueillir les oursins des environs de Bayeux.— Diam. 24 millim., hauteur 13 millim.—Elle est voisine par son aspect du *C. Pomum* Gras, dont elle diffère par ses tubercules crénelés. Aire ambulacraire ondulée, flexueuse, plus large à l'ambitus qu'aux deux faces, renfermant deux rangées externes de tubercules granuloïdes, accompagnées intermédiairement de granulations plus fines, qui forment quatre rangées à l'ambitus et deux vers les extrémités de l'aire, où elles paraissent assez irrégulièrement sériées. Aire interambulacraire présentant cinq ou six tubercules à la rangée, surmontés chacun d'un mamelon assez gros, à col crénelé. Scrobicules élevés, ronds et très-étroits. Cercles scrobiculaires non tangents avec la rangée voisine ni entre eux, si ce n'est à la face inférieure, et composés de granules assez serrés, placés tout-à-fait sur les bords des scrobicules, et plus gros que les granules intermédiaires. Espaces intermédiaires déprimés, larges entre les deux séries de tubercules principaux, semés de granulations serrées, fines, un peu plus grosses cependant en approchant des cercles scrobiculaires et du côté des zônes porifères.

Oolite ; Port-en-Bessin, à l'embouchure de la Drôme (Calvados).

RÉSUMÉ.

Ce Catalogue comprend 104 espèces d'échinides, représentant 29 genres et les 4 familles de la classe.

46 m'ont paru nouvelles.

87 espèces ont été recueillies dans le département et appartiennent aux arrondissements de Louviers et d'Andelys. Sur ce nombre, 22 ont été fournies par la craie chloritée, 37 par la craie blanche, 21 par le calcaire grossier, et le reste vient des galets.

Si l'on a égard à l'étendue des couches découvertes, la craie blanche, qui se montre presque partout dans le département, et qui devrait, ce semble, l'emporter de beaucoup sur les autres terrains par le nombre de ses espèces, est cependant loin d'être aussi riche que la craie chloritée et le calcaire grossier. Les 22 échinides de la craie chloritée proviennent d'un seul gisement de moins d'un kilomètre d'étendue, et les seules petites carrières tertiaires des communes de Fours et de Fontenay en contiennent 18. Il est vrai que sur beaucoup d'autres points ces mêmes couches tertiaires sont très-peu fossilifères, et ceci confirme un fait que les paléontologues sont trop enclins à perdre de vue : C'est que la fossilisation n'est qu'un phénomène local et accidentel, et que le sol de remblai ne nous rendra jamais toutes les parties de la faune et de la flore des temps anciens.

FIN.

www.ingramcontent.com/pod-product-compliance
Ingram Content Group UK Ltd.
Pitfield, Milton Keynes, MK11 3LW, UK
UKHW020934180726
13838UKWH00002B/946